科学图书馆　校园科学实验

兴趣 爱好 启智 动手

铺垫未来的作为

趣味数学实验与练习

[俄] 亚·别列里曼 著　张杰 主译
徐传毅 王雪娇 译

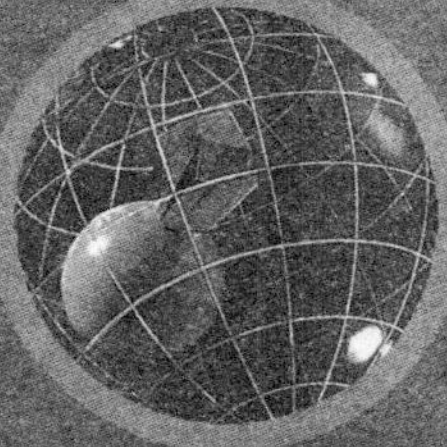

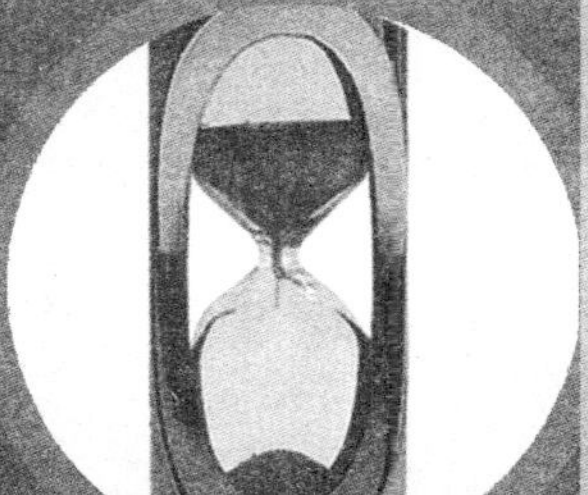

上海科学技术文献出版社

图书在版编目（CIP）数据

趣味数学实验与练习 /（俄罗斯）亚·别列里曼著；张杰主译．—上海：上海科学技术文献出版社，2013.1
ISBN 978-7-5439-5530-1

Ⅰ．①趣… Ⅱ．①亚… ②张… Ⅲ．①数学—普及读物 Ⅳ．①O1-49

中国版本图书馆 CIP 数据核字（2012）第 210999 号

责任编辑：刘红焰
美术编辑：徐 利

趣味数学实验与练习
[俄]亚·别列里曼 著 张 杰 主译
*
上海科学技术文献出版社出版发行
（上海市长乐路 746 号 邮政编码 200040）
全国新华书店经销
昆山市亭林彩印厂印刷
*
开本 740×970 1/16 印张 10.75 字数 180 000
2013 年 1 月第 1 版 2013 年 1 月第 1 次印刷
ISBN 978-7-5439-5530-1
定价：21.00 元
http://www.sstlp.com

内容简介

你能一笔画成各种几何图形吗？你能巧算距离吗？你会速算吗？魔方怎样旋转？几何谜题怎样解？……

所有这些问题你都可以在本书中找到答案。

亚·别列里曼——俄罗斯著名的科普作家、教育家、科学家——为我们奉献了一本知识丰富、趣味盎然的科普作品。他选取最普通的生活现象，运用科学知识，深入浅出地为我们解析这些现象，写作手法轻松自如，诙谐幽默，让我们透过寻常现象知晓不寻常的道理。

深入浅出，轻松幽默，寻常现象，不寻常的道理，正因为如此，本书才数次再版，经久不衰。

内容简介

[illegible]

目　录

1. 巧 解 难 题

老师与学生

相传,在古希腊发生了这样一件事。智者、雄辩家普罗塔哥拉向年轻的宽特尔律师传授雄辩术。老师与学生约定,当学生打赢第一个官司后,学生应立即向老师支付课酬。

宽特尔学完了全部课程。老师等待学生支付课酬,但是学生并不急着出庭。怎么办呢?为了索取课酬,老师向法院起诉了学生。他是这样推断的:假如原告胜诉,那么可以根据法庭的判决索债。假如原告败诉,被告胜诉,那么宽特尔应该根据他们之间的约定支付课酬——这是学生打赢的第一个官司嘛。

但是学生的想法与老师正好相反,他认为普罗塔哥拉不能胜诉。他是这样推断的:假如法庭判他还债,那么他就不应该支付欠款,因为根据约定——第一个官司胜诉才需要付酬,假如法庭判被告胜诉,那么根据法庭的判决他也没有义务支付欠款。

开庭的日子到了。法官非常为难。但是经过思考之后,他想出了一个方法,并做出了判决。这个判决既没有破坏老师和学生之间的约定,又让老师有可能讨回自己的课酬。

法官是怎样判决的呢?

分 遗 产

这是一个古老的问题,古罗马的法学家们经常提及。

一个寡妇有权和自己即将出生的孩子分丈夫留下的 3 500 钱币的遗产。如果生的是儿子,那么按照罗马法律,妈妈将得到儿子那份的一半。如果是女儿,那么妈妈将得到女儿那份的一倍。但是这个寡妇却生了一对双胞胎——一个儿子和一个女儿。

怎样分配遗产才能符合法律规定呢?

分 牛 奶

在大家面前摆放着一个装有 4 升牛奶的罐子。需要把这 4 升牛奶平分给两个人,但是大家能够使用的容器,除了这个装有 4 升牛奶的罐子,还有两个空罐子:一个容量为 2.5 升,另一个容量为 1.5 升。

怎样利用这 3 个罐子来平分这 4 升牛奶呢?

(可以将牛奶从一个罐子倒入另一个罐子,重复几次这样的动作。)

怎样安置呢?

一天,一个旅馆的服务员遇到这样一件难事。一下子来了 11 个客人,每个客人都希望住单间,而旅馆只剩下 10 间空房了。11 个客人谁都不肯相让。必须把 11 个人安置在 10 个房间里,还要保证一个房间一个人。看样子,这无论如何是办不到的。但是,服务员竟然想出了办法,解决了难题。

下面就是他想出的方法。他把第一个客人安置在第一个房间里,并且请求他允许临时地把第十一个客人安置在那里。当他把这两个客人安置下之后,他把

第三个客人安置在第 2 个房间里

第四个客人安置在第 3 个房间里

第五个客人安置在第 4 个房间里

第六个客人安置在第 5 个房间里

第七个客人安置在第 6 个房间里

第八个客人安置在第 7 个房间里

第九个客人安置在第 8 个房间里

第十个客人安置在第 9 个房间里

显然,第十个房间是空着的。临时被安置在第一个房间里的第十一个客人被安置到那里——大概这使所有的人都非常满意,使这本书的很多读者也都非常惊讶。

这种做法的秘密何在呢?

两根蜡烛

房间里突然停电：是保险丝烧断了。我点燃放在写字台里的两根蜡烛，在烛光下继续工作，直到来电为止。

第二天，需要确定停了多长时间的电。我当时没有注意几点停的电，也没有注意几点来的电，我也不知道蜡烛的长度。我只记得两根蜡烛的长度一样，但是粗细不一样。粗的那根完全点完用了 5 个小时，细的那根完全点完用了 4 个小时。两根蜡烛都是新蜡烛。我没有找到剩下的蜡烛头：家人把它们都扔了。

"蜡烛头太小了，没必要留着。"他们向我解释道。

"但是你们记得蜡烛头的长度了吗?"

"不一样。一个比另一个长 3 倍。"

我再也没有其他数据了。必须根据上述信息来确定蜡烛的燃烧时间。

怎样才能算出蜡烛的燃烧时间呢?

三个侦查员

一天，三个侦查员遇到了麻烦，他们必须在没有桥的情况下过到河对岸。有两个男孩在河上划着小船，他们想帮助这些士兵。但是船太小了，只能承载一个士兵；甚至一个士兵和一个男孩都不能同时坐在小船里，那样小船会沉没。士兵们都不会游泳。

在这种条件下好像只有一个士兵能够过河。但是结果是三个士兵很快都过到河对岸，并且把小船还给了两个男孩。

他们是怎样过的河?

一群母牛

这是一个古老的问题。

一个人把一群母牛分给了自己的儿子们，每个儿子将分到一样多的母牛。他分给大儿子1头牛和所有剩下母牛的$\frac{1}{7}$；分给二儿子2头牛和所有剩下母牛的$\frac{1}{7}$；分给三儿子3头牛和所有剩下母牛的$\frac{1}{7}$；分给四儿子4头牛和所有剩下母牛的$\frac{1}{7}$，依此类推，一直分到最小的儿子。一群母牛就这样分给了儿子们，最后一头也没剩。

这个人一共有多少个儿子？共有多少头母牛？

1 平 方 米

当阿廖沙第一次听说1平方米含有100万个平方毫米时，他并不相信。

“怎么会有这么多的平方毫米呢？”他惊奇地说道。“我这里有一张长和宽都正好是1米的纸。难道在这个正方形里面有整整100万个1毫米的小正方形吗？无论如何我也不相信。”

“你可以数一下嘛。”有人建议他。

阿廖沙决定数一下：数出所有的小正方形。他从早晨便开始数，每数完一个小正方形，他就点上一个小点。

他一秒钟点一个小点，点得很快。

阿廖沙不停地数着。大家想一想，阿廖沙能在一天之内数完100万个1毫米的小正方形吗？

100 个 核 桃

在25个人中平分100个核桃，要求任何人得到的核桃数都不是偶数。大家能够做到这点吗？

怎 样 分 钱？

两个人在煮粥：一个人把200克米倒入锅中，另一个人倒了300克。粥煮好之后，两人准备喝粥。这时，进来一个人，要和他们一起喝粥。离开的时候，这个人给他们留了50戈比。

这两个人该怎样分这50支比呢?

分 苹 果

12个少先队员分9个苹果,要求每个苹果不能切得多于4块。

初看起来问题好像无法解决,但是熟悉分数的人还是能轻易地解出此题。

想出解题方法之后,还能解出其他类似的问题:如12个孩子分7个苹果,每个苹果也不能切成多于4块。

还是分苹果

5个朋友来到了米沙家做客。米沙的父亲想请孩子们吃苹果。5个朋友加上米沙一共6个孩子,但是只有5个苹果。怎么分呢?他不想让任何一个孩子委屈,因此苹果必须平分。当然,必须把苹果切开。但是不能切成太小的块。父亲不想把苹果切得多于3块。所以问题是这样的:6个孩子分5个苹果,每个苹果不能切得多于3块。

父亲是怎样分苹果的呢?

等 车

3个兄弟看完戏准备乘车回家,他们来到车站。车还没来,大哥提议等一等。

"与其在这儿等,不如向前走一段。当电车追上我们的时候,我们立即上车,由于我们已经走了一段路程,再坐上车,这样我们可以早一点到家。"二哥这样说。

"如果要走的话,也不应往前走,应当往后走,这样我们可以更早坐上车,更早到家。"弟弟不同意二哥的说法,这样反驳道。

3个兄弟都不能说服对方,那么每个人只能按照自己的方法去做:大哥留在原地等车,二哥往前走,弟弟往后走。

3个兄弟谁最先到家?他们中谁做得更聪明呢?

答　案

老师与学生

法官的判决是这样的：驳回老师的起诉，但是允许他在学生打赢自己的第一个官司之后再起诉。这第二个官司老师必胜无疑。

分　遗　产

这个寡妇应该得到 1 000 钱币，儿子应该得到 2 000 钱币，女儿应该得到 500 钱币。这种分法既体现了亡夫的意愿，又符合法律规定：因为母亲得到的钱比儿子少一半，比女儿多一倍。

分　牛　奶

必须倒 7 次，方法见下表：

	4 升	1.5 升	2.5 升
第一次	1.5	—	2.5
第二次	1.5	1.5	1
第三次	3	—	1
第四次	3	1	—
第五次	0.5	1	2.5
第六次	0.5	1.5	2
第七次	2	—	2

怎样安置呢?

秘密在于,服务员没有为第2个客人安排房间:在安排了第1个客人和第11个客人之后,他马上转到第3个客人,忘记了第2个客人。这居然使不可能的事情办“成功了”。

两根蜡烛

为了解决这个问题必须列一个简单的方程式。使用x表示蜡烛燃烧的时间数。每个小时燃烧粗蜡烛的$\frac{1}{5}$和细蜡烛的$\frac{1}{4}$。即粗蜡烛的蜡烛头长度是$1-\frac{x}{5}$,而细蜡烛的蜡烛头长度是$1-\frac{x}{4}$。我们已知,两根蜡烛的长度是一样的,并且粗蜡烛头3倍的长度$4\left(1-\frac{x}{5}\right)$等于细蜡烛头的长度$1-\frac{x}{4}$:

$$4\left(1-\frac{x}{5}\right)=1-\frac{x}{4}$$

解这个方程式,得到$x=3.75$。蜡烛燃烧了3小时45分钟。

三个侦查员

小船必须划动6次才能将3个侦察兵送到对岸:

第一次:两个男孩坐船到河对岸,其中的一个男孩把小船划回来交给士兵(另一个男孩留在河对岸)。

第二次:送船的男孩留在这边的河岸,第1个士兵乘船到河对岸,把船交给另一个男孩,另一个男孩划船回到岸边。

第三次:两个男孩乘船过到河对岸,其中的一个男孩将船划回。

第四次:第2个士兵乘船到河对岸。另一个男孩和船一起返回。

第五次:重复第3次的过河方式。

第六次：第 3 个士兵划到对岸。小船和一个男孩返回。现在两个男孩继续在河上划着船船。

而 3 个士兵都被送到对面。

一 群 母 牛

应当从后面开始计算来解决这个问题(不用方程式)。

最小的儿子得到的母牛和其他儿子一样多,但是他不能够得到一群母牛剩下的 $\frac{1}{7}$,因为在他之后已经没有剩余了。

继续,倒数第二个儿子得到的母牛比其他儿子少一头,并且得到了剩下的一群母牛的 $\frac{1}{7}$。也就是说,最小的儿子得到的母牛是剩下的母牛数量的 $\frac{6}{7}$ 份。

由此可以得出结论,最小的儿子所得到的母牛数量可以被 6 整除。

假设一下,这个最小的儿子得到了 6 头母牛,看一看这个假设是否合理。如果最小的儿子得到 6 头母牛,那么也就意味着,他是第六个儿子,并且一共有 6 个儿子。第五个儿子得到了 5 头母牛,和 7 的 $\frac{1}{7}$,也就是一共 6 头母牛。想一想,最小的两个儿子得到了 $6+6=12$ 头母牛,这是分给第四个儿子之后剩下的母牛数量的 $\frac{6}{7}$。完整的剩余部分等于 $12\div\frac{6}{7}=14$。因此,第四个儿子得到了 $4+\frac{14}{7}=6$。

分给第三个儿子之后一群母牛的剩余部分是 $6+6+6$,也就是 18,是这个剩余部分的 $\frac{6}{7}$,因此完整的剩余部分是 $18\div\frac{6}{7}=21$。第三个儿子得到了 $3+\frac{21}{7}=6$。

因此得出,第二个儿子和第一个儿子每人也得到了 6 头母牛。

我们的假设似乎很合情理：一共有 6 个儿子和 36 头母牛。

还有其他的解决方法吗？假设,不是 6 个儿子,而是 12 个儿子。如此的假设好像不合适,18 个儿子也不合适。不用再试了,不能够有 24 个或更多的儿子。

1 平方米

阿廖沙无论如何也不能在一天里数完所有小正方形。即使不停地数上一天一夜，他也只能数 8.64 万个小正方形。24 个小时是 8.64 万秒钟。他必须不停地数将近 12 天，才能数完，而每天如果数 8 个小时，则需要数整整 1 个月。

100 个核桃

许多人立刻开始寻找和试验各种分配方法，但是他们的努力不会有任何结果，因为问题是无法解决的。

如果能把 100 分成 25 个奇数项，那么就能够得到，但是奇数加奇数之和为 100——是偶数。所以，这道题是无法完成的。

的确，我们有 12 对奇数和一个偶数，每一对奇数之和为偶数——12 个偶数相加应该是偶数。一个奇数加偶数，我们得到的结果是奇数。数字 100 无论如何也不能够由如此的项组成。

怎样分钱?

大多数人可能马上回答，倒入 200 克米的那个人应该得到 20 戈比，倒入 300 克米的那个人应该得到 30 戈比。这种分法完全没有根据。

必须这样推断：50 戈比支付的是一个喝粥人喝的那份。因为有 3 个喝粥人，那么所有的粥(500 克)的价钱应是 150 戈比。倒入 200 克米的那个人买米支付了 60 戈比(因为 100 克的价钱是 150÷5=30 戈比)。他享受了 50 戈比，也就意味着，需要补给他 60－50=10 戈比。

倒入 300 克米(也就是 90 戈比)的那个人应该领到 90－50=40 戈比。

这样一来，一个人应该分到 10 戈比，另一个人应该分到 40 戈比。

分苹果

12 个少先队员分 9 个苹果，每个苹果不能切得多于 4 块，这是完全可能的。

需要这样来做。

先把 6 个苹果每个切成两半——得到 12 块苹果。把剩下的 3 个苹果每个切成 4 块——也得到 12 块。现在分给每人一份半个苹果和一份 1/4 的苹果：$\frac{1}{2}+\frac{1}{4}=\frac{3}{4}$。

每个少先队员得到$\frac{3}{4}$个苹果，这符合要求，因为 $9\div 12=\frac{3}{4}$。

使用类似方法还可以在 12 个少先队员之间分 7 个苹果，也是要求每个苹果不能切得多于 4 块。在这种情况下每个人应该得到$\frac{7}{12}$个苹果。但是我们知道，$\frac{7}{12}=\frac{3}{12}+\frac{4}{12}=\frac{1}{4}+\frac{1}{3}$。

因此我们把 3 个苹果每个分成 4 块，而把剩下的 4 个苹果每个分成 3 块。得到 12 个 1/4 和 12 个 1/3。

因此，能够分给每个人 1 块 1/4 的苹果和 1 块 1/3 的苹果，也就是$\frac{7}{12}$。

还是分苹果

应当这样分。把 3 个苹果每个切成两半，得到 6 块一半的苹果，把这 6 个半块分给孩子。把剩下的 2 个苹果每个切成 3 块，得到 6 块 1/3 的苹果，把它们也分给孩子。

这就意味着，分给每个孩子 1 个半块苹果和 1 个 1/3 块苹果。

显然，每个苹果都没被切成多于 3 块。

等　车

弟弟向后走，他最先看到迎面开来的电车，坐了上去。电车驶进站点时，大哥上了车。过了一会儿，这辆电车追上了向前走的二哥，他也上了车。兄弟 3 人同时到了家。

大哥做得最聪明，因为他在原地等候，所以他比其他的两个兄弟耗费的体力少。

2. 巨人国与小人国

在《格列佛游记》里最精彩的部分无疑是描述格列佛在小人国和巨人国的漫游经历。在小人国里,所有的东西——人、动物、植物和物品等,其尺寸都比我们小 12 倍。相反,在巨人国里,所有的东西又都比我们大 12 倍。这正是在英国度量衡单位里 1 英尺与 1 英寸的关系$\left(1\text{ 英尺是 }12\text{ 英寸,约等于 }30.48\text{ 厘米;}1\text{ 英寸是 }1\text{ 英尺的 }\frac{1}{12}\text{,约等于 }25\text{ 毫米}\right)$。为什么《格列佛游记》的作者选择的数字是 12 呢?因为这本书的作者是英国人。大 12 倍,小 12 倍——好像不是相当大或者相当小。但是在这些作者想象出的国家里,大 12 倍、小 12 倍,会给我们造成诸多不便,增添许多困难。我们根据书中内容,为读者出 10 个问题。

小人国的动物

"派 1 500 匹最大的马送我去首都。"关于小人国,格列佛这样讲道。

1 500 匹马是不是太多了?

关于小人国的母牛、公牛和绵羊,格列佛也讲述了许多有趣的事。当格列佛离开的时候,他把这些动物"放到了自己的兜里"!

这是可能的吗?

硬 床 铺

关于小人国是怎样给自己的巨人客人准备床铺的,在《格列佛游记》里有这样的描述:

“用大车将600个床垫送到我的住所，然后裁缝开始拼制这些床垫。150个床垫拼到一起，才能满足我的身材高度。600个床垫可以拼出4个这样的床垫，把这4个床垫都铺到床铺上，但我还是感觉像睡在石板上一样硬。”

为什么格列佛感觉床铺这么硬呢？

这个计算正确吗？

格列佛的小船

格列佛乘坐意外被吹到岸边的小船离开了小人国。对于小人国来说，这艘船是一艘非常大的船，它远远超过了他们船队中最大船的尺寸。

如果这艘船能承载300千克的重量，那么大家能够大概地算出，这艘船的排水量是多少吨吗？（船的排水量等于它能承载的最大重量，包括船体本身的重量。1吨等于1 000千克。）

小人国的桶

“吃饱之后，我想喝点什么。”关于自己在小人国里的奇妙经历格列佛继续讲道：“小人们非常灵巧地用绳子把最大尺寸的一桶酒提到和我身体一样的高度，把它放到我的手边，并且打开桶盖。我一饮而尽。他们又把第二桶酒递了上来，我像第一桶那样也是喝个精光，我请他们再送一桶时，他们说没有了。”

关于小人国的水桶，格列佛说：“没有我们的顶针大。”

在所有东西比正常东西只小12倍的国家里，桶真的是这么小吗？

格列佛的食物和午餐

在《格列佛游记》里我们读到，小人国为格列佛规定了这样的饮食标准——每天给他准备一份食物，这份食物能够养活1 728个小人。

“300个厨师为我做饭，”在另一个场合格列佛讲道。“在我住处的周围搭了几个小棚子，食品就存放在那里，厨师和他们的家人也住在那里。午餐的时候，有20个仆人听我的调配，我把他们放在桌子上。100个仆人在地面服侍我：一些人负责递食物，其余的人把杆子搭在肩上来传递酒和其他饮料。站在上面的人用绳子和滑轮把所有的东西都摆放到桌子上。”

小人国根据什么规定了这样的饮食标准？又为什么需要这么多的仆人来服侍一个人呢？要知道他的身材仅比小人高 12 倍。这样的饮食安排与格列佛的身材相符吗？

300 个裁缝

“300 个小人国的裁缝被临时派到我这里，要求他们为我做一套当地样式的衣服。”

为了给这个身材比小人们高 12 倍的人做一套衣服，需要这么多裁缝吗？

巨型苹果和核桃

“一次，宫中仆人和我一起来到果园里。”在《格列佛游记》里，关于巨人国有这样一段描述：“我在果园踱着步，不知不觉来到一棵果树下。仆人抓住一个树枝，在我的头上方抖动几下。几个圆桶大小的苹果砸落在地上，有一个直接砸在我的背上，险些把我砸倒……”

“另一次，一个淘气的小学生朝我扔来一个核桃，这个核桃直奔我的头部，差一点击中，如果击中，我的脑袋肯定被击碎，因为这个核桃比我们现在的南瓜略小一点。”

巨人国的苹果和核桃大概重多少呢？

巨人的戒指

在格列佛从巨人国带回的东西里有一枚金戒指。格列佛说：“这枚金戒指是女王赏赐给我的，她仁慈地把它从自己的小拇指上摘下来，给我从脑袋上套下来，戴在我的脖子上，就像戴项链一样。”

从小拇指上拿下来的戒指，即使是女巨人的，对格列佛来说能像项链一样大吗？这么大的戒指大概应该重多少呢？

巨人的书籍

关于巨人国的书籍格列佛讲了这样一些细节：

“他们允许我从图书馆借一些书来读，但是为了读这些书，我必须制作一个读书设备。木工为我做了一个梯子，这个梯子可以来回移动。梯子高 25 英尺，每级阶梯长 50 英尺。当我想读书的时候，仆人们把梯子放到离墙大约 10 英尺的地方，阶梯转向墙的那面，把书翻开立在墙边。我先爬到最高一级阶梯，从上面的内容开始阅读，从左向右或从右向左移动着读，每次移动 8 步或 10 步，视内容的长短而定。随着阅读的继续，书上内容也越来越下移，我下到下一级阶梯，然后再下一级，如此这般。当读完这页时，我再重新向上爬，又按照此种方法开始读新的一页。我能用两只手翻书，这可以做到，因为他们印书的纸没有我们的纸厚，而他们的最大开本长度不超过 18—20 英尺。”

这些描述合理吗？

巨人的衣领

作为本节的结尾，我们为读者提出这样一个问题，它不是直接取自《格列佛游记》，但是与这本书内容相关。

大家可能不知道，衣领的号码是衣领周长的厘米数。如果你的脖子周长 38 厘米，那么适合你的衣领应当是 38 号。成人脖子的周长大约是 40 厘米。

如果格列佛想在伦敦为巨人国的居民定做一批衣领，那么衣领的号码应是多大呢？

答 案

小人国的动物

在《格列佛的食物和午餐》一节中答案已经给出。格列佛的身材比小人大 1 728 倍。自然，他的体重也比小人重 1 728 倍。对于小人来说，用马拉格列佛一个人就像拉 1 728 个成年的小人一样。由此明白，为什么拉格列佛的马车需要套这么多的马。

小人国里的动物也比我们的动物小 1 728 倍，这就意味着，它们比我们的动物轻 1 728 倍。

我们母牛的高大约为 1.5 米，体重假定为 400 千克。小人国母牛高约 12 厘米，并且重量为 $\frac{400}{1\,728}$ 千克，也就是小于 $\frac{1}{4}$ 千克。显然，可以把这么小的母牛放在兜里。

“他们最大的马和公牛，不高于 4—5 英寸，绵羊大约是 1.5 英寸，鹅和我们的麻雀一样大。由此往下排，直到最小的动物。他们小的动物我用肉眼几乎看不见。有一次，我看到厨师在摘云雀毛，我发现，云雀毛和我们普通苍蝇的翅膀大小差不多。还有一次，有个年轻的姑娘在我面前把一条看不见的线穿到了一根看不见的针上。”格列佛这样讲述道。

硬 床 铺

计算是完全正确的。如果小人国的床垫比普通床垫短 12 倍，显然，它比普通床垫也窄 12 倍。那么它的面积比我们的床垫小 12×12 倍。为了让床垫符合格列佛的身材，他一个人需要 144 个(按整数 150 个算)小人的床垫。但是这种床垫很薄，因为它比我们的普通床垫薄 12 倍。即使 4 层这样的床垫叠放到一起也不能让人感到柔软舒适。

格列佛的小船

由作品内容得知，格列佛的小船能够承载300千克的重量，也就是说，它的排水量大约是$\frac{1}{3}$吨。1吨是1立方米水的重量。这就意味着，小船排出了$\frac{1}{3}$立方米。但是小人国所有的度量单位都比我们的小12倍，立方米比我们的小1 728倍。不难得知，我们的$\frac{1}{3}$立方米大约等于小人国的575立方米。格列佛小船的排水量大约是575吨，因为原始数300千克是我们随意定出的。

小人国的桶

如果小人国的桶与我们现在的桶形状相同，那么小人国的桶在高度、宽度和长度上都比我们的桶小12倍。因此，小人国的桶，其容量比我们现在的桶小12×12×12＝1 728倍。如果在我们的水桶里面可以放置60个杯子，那么小人国的水桶里面只能放置$\frac{60}{1\,728}$，或者是$\frac{1}{30}$个杯子。这比茶匙的容量略大一点，的确不会超过顶针的容量。

如果说小人国的水桶容量等于茶匙的容量，那么它的酒桶——假如酒桶的容量是10个水桶那么大——也不过能装不超过半杯的酒。喝完两桶酒之后格列佛还想喝就不难理解了。

格列佛的食物和午餐

这个安排是完全正确的。一定不要忘记，小人是缩小的人，他们是身体各部分匀称的真实的人。因此，他们不仅比格列佛矮12倍，而且比格列佛瘦12倍，身材单薄12倍。他们身体的大小比格列佛不是少12倍，而是少12×12×12，也就是少1 728倍。为了让格列佛吃饱饭，需要这么多的食物。这就是为什么小人国计算出，为格列佛一个人准备的食物足够养活1 728个小人。

现在清楚了,为什么需要这么多的厨师。为了准备 1 728 份午餐,需要不少于 300 个厨师。1 个小人厨师能够准备 6 个小人的午餐。而且为了把这么重的食物提到格列佛的桌子上,需要这么多的人。很容易算出,格列佛所坐的桌子高度是小人国的 3 层楼那么高。

300 个裁缝

格列佛的身材比小人们大不是 12 倍,而是 12×12=144 倍。格列佛的身材用平方英尺(1 英尺是 12 英寸,等于 30.48 厘米)来计数,小人们的身材用平方英寸$\left(1\text{ 英寸是}\frac{1}{12}\text{英尺,约等于 25 毫米}\right)$来表示,每平方英尺是 144 平方英寸。为格列佛做一套衣服所用的料子是小人们所用料子的 144 倍,这就意味着,需要更多的工作时间或更多的裁缝。如果一个裁缝两天做一套衣服,那么为了在一天里做出 144 套衣服(或者说为格列佛做一套衣服),的确需要大约 300 个裁缝。

巨型苹果和核桃

很容易算出,我们现在大约重 100 克的一个苹果在巨人国里应该比我们的一个苹果重 1 728 倍,也就是 173 千克。这么大的一个苹果从树上落下,并且砸到一个人的背上,很可能把这个人砸死。格列佛侥幸逃过一劫。

巨人国的核桃应该重 3—4 千克,进行一下单位换算,那么我们的核桃重大约 2 克。如此巨大的核桃,其直径可能大约 10 厘米。3 千克的重物,比如 3 千克重的一个核桃,朝人的脑袋扔来,如果击中,脑袋必碎无疑。在另一个场合,格列佛讲述说,巨人国里普通的冰雹瞬间能把他砸倒在地,并且冰雹"重重地砸在他的背部、肋骨和全身,好像打槌球时使用的大木球一样"。他讲的合乎实际,因为巨人国的每一粒冰雹重应当不少于 1 千克。

巨人的戒指

正常人的小拇指直径大约为 $1\frac{1}{2}$厘米。乘以 12 之后得到,女巨人戒指的直径是

$1\frac{1}{2}\times12=18$ 厘米，戒指的周长是 $18\times3\frac{1}{7}$，大约 56 厘米。

这样尺寸的戒指完全可以从脑袋上套下去，就像戴项链一样。用绳子测量一下人的脑袋最宽地方的周长之后，就很容易证实这点。

至于说到巨人国戒指的重量，那么可以这样计算：如果普通戒指的重量是 5 克，那么巨人国的戒指应该重 $8\frac{1}{2}$ 千克。

巨人的书籍

从现代普通开本的书籍尺寸来看(高为 25 厘米，宽为 12 厘米)，格列佛描述的书籍看上去有点儿大。如果读一本高度在 3 米以下、宽度少于 1.5 米的书籍，无需梯子帮忙，也不用向左和向右挪动 8—10 步。但是在英国作家斯威夫特的时代里，普通开本的书籍比现在大得多。例如，在彼得一世时期出版的马格尼茨基的对开本书《算数》，这本书的高大约为 30 厘米，宽大约为 20 厘米。把这种尺寸的书扩大 12 倍，就是巨人国的书籍尺寸：高为 360 厘米(大约 4 米)，宽为 240 厘米(2.4 米)。阅读 4 米的书没有梯子是不行的。而且这还不是报刊那种尺寸的对开本书。

巨人国的书比我们的重 1 728 倍，也就是大约 3 吨重。假设一本书是 500 页，每页大约重 6 千克，翻动 6 千克的书页的确得用两只手。

巨人的衣领

巨人颈部周长比正常人颈部周长大的倍数与它的直径大的倍数是一样的，也是大 12 倍。并且如果正常人需要 40 号的衣领，那么对于巨人来说，需要 $40\times12=480$ 号的衣领。

我们看到，好像斯威夫特想象的所有奇异的方法都被我们精确地计算出来了。

3. 大数的故事

奖　赏

传说，这是许多世纪以前发生在古罗马的一个故事。

I

统帅泰伦斯奉皇帝之命胜利地完成远征，他带着战利品胜利凯旋。抵达首都之后，他请求觐见皇帝。

皇帝热情地接见了统帅，感谢他为帝国的军事效劳。作为奖励，皇帝想为他在元老院安排一个重要职位。

但是泰伦斯需要的不是这个。他说："陛下，为了国家昌盛，为了使你的名字享有荣光，我取得了多次胜利。我不惧怕死亡，假如我的生命不是一次，而是许多次，我愿为您牺牲我所有的生命。但是现在我已经厌倦了打仗。青春已逝，我的身体也不比从前。我现在应当在我祖辈的老房子里休憩，享受天伦之乐了。"

"泰伦斯，你想让我赏给你什么呢?"皇帝问道。

"陛下，请您宽容我的想法。在常年的征战中，我用自己的鲜血染红了宝剑，我还没来得及为自己建造富足和安乐。陛下，我很贫穷……"

"勇敢的泰伦斯，请继续说。"

"如果您想赏赐你的卑微的仆人，"统帅来了精神，继续说，"那就请用你的慷慨帮我平静富足地度过余生。虽然元老院的权利至高无上，但是我不谋求这些，我要远离政权和社会。陛下，为了保障我能安度余生，请给我一些钱吧。"

皇帝并不慷慨。他喜欢为自己攒钱，对别人却非常吝啬。统帅的请求让他陷入沉思。

“泰伦斯，你想要多少钱呢？”他问道。

“100 万个第纳里（古罗马的金币）。”

皇帝再一次缄默起来。统帅低着头等候皇帝的回应。

最后，皇帝终于开口说话了：

“英勇的泰伦斯，你是一个伟大的军人，你的光辉功绩应当得到慷慨的奖励！我将赏给你钱。明天中午你来听奖励办法吧。”

泰伦斯鞠了一躬，就离开了。

Ⅱ

第二天中午，统帅来到皇宫。

“勇敢的泰伦斯，你好！”皇帝问候道。

泰伦斯谦恭地鞠了一躬。

“陛下，我是来听您的奖励办法的。您真是慷慨，答应给我奖赏。”

皇帝回答道：“我不想让像你这样功勋卓著的军人得到的奖赏少得可怜。请听我说。我的国库里有 500 万个布拉斯（小面额硬币，面值是第纳里的 1/5）。你走进国库，先拿一个布拉斯，回到这里，把它放到我的面前。第二天你再去国库，拿一个等于 2 布拉斯的硬币，并且把它与第 1 个并排放在这里。第三天拿等于 4 布拉斯的硬币。第四天拿等于 8 布拉斯的硬币。第五天拿等于 16 布拉斯的硬币。总之，使硬币的价值增加一倍。我吩咐每天给你准备好相应币值的硬币。如果你能搬得动，你可以把我国库中的所有硬币都搬走。别人不许帮助你，你只能自己去搬。当你搬不动的时候，就停下来。你搬走多少硬币，这些硬币都归你，作为给你的奖赏。”

泰伦斯聚精会神地听着皇帝的每一句话。他仿佛觉得有大量的硬币，一次比一次多，他要把这些硬币从国库里搬出来。

“陛下，我对您的仁慈表示感谢！”他愉快地微笑道。“您真慷慨！”

Ⅲ

泰伦斯开始每天去国库搬硬币。他住在离皇宫不远的地方。最初几天的搬运对泰伦斯来说很轻松。

第一天，他从国库搬出了 1 布拉斯。这是一个不大的硬币，它的直径为 21 毫米，重量为 5 克。

第二天、第三天、第四天、第五天和第六天的搬运同样毫不费力，泰伦斯搬出了2倍、4倍、8倍、16倍和32倍重量的硬币。

按照这种计算方法，第七个硬币的重量应为320克，直径为8.5厘米。

第八天，泰伦斯从国库里搬出了相当于128布拉斯的硬币。它的重量为640克，直径大约为10.5厘米。

第九天，泰伦斯把等于256布拉斯的硬币搬到了皇宫。它的直径为13厘米，重量为1.28千克。

第十二天的硬币直径大约为27厘米，重量达到10.24千克。

在这之前一直紧张地看着统帅搬运的皇帝，此时已难掩内心的喜悦。他看到，已经搬运了12天，才搬运到10.24千克的硬币，这相当于搬运约2 000个布拉斯的硬币。

第十三天，勇敢的泰伦斯搬出了等于4 096布拉斯的硬币。它的直径大约为34厘米，重量为20.48千克。

第十四天，泰伦斯从国库中搬出一枚沉重的硬币——它的重量为40.96千克，直径大约为42厘米。

“勇敢的泰伦斯，你不累吗?”皇帝忍住笑问道。

“陛下，我不累。”泰伦斯一边擦着额头上的汗水，一边愁眉苦脸地回答说。

第十五天，泰伦斯感到更加沉重。他搬着一块等于16 384布拉斯的巨大硬币缓缓走到皇帝面前。这枚硬币的直径是53厘米，重量为81.92千克——这是一个身材高大的军人的体重。

第十六天，统帅挑着担子摇晃地走来。这是一枚等于32 768布拉斯的硬币，它的重量为163.84千克，直径为67厘米。

统帅已经疲惫不堪，他大口地喘着粗气。皇帝笑了。

第十七天，当泰伦斯来到皇宫的时候，迎接他的是皇帝的大笑。泰伦斯已经不能用肩部挑硬币了，他是推着担子把硬币推到皇帝面前的。硬币的直径为84厘米，重量为32 768千克。它相当于65 536布拉斯的硬币的重量。

第十八天是泰伦斯搬运的最后一天。这次他搬出了相当于131 072布拉斯的硬币。它的直径已经长于1米，并且重量为65 536千克。泰伦斯用自己的矛当杠杆，使出浑身力量撬动这枚硬币，把这枚硬币弄进了皇宫。巨大的硬币“轰隆”一声落在皇帝面前。

泰伦斯已经疲惫不堪了。

“再也搬不动了，就这么多吧。”他有气无力地说道。

皇帝看到自己的计谋得逞之后，强忍住了笑。他吩咐司库计算，泰伦斯一共搬了多少硬币。

司库计算后回答皇帝说：“陛下，由于您的慷慨，泰伦斯得到的奖赏一共是262 143布拉斯。”

吝啬的皇帝赏给统帅泰伦斯大约 100 万个第纳里的 1/19。

* * *

检验司库的计算，同时检验硬币的重量。泰伦斯搬出了：

第一天	1 布拉斯	重量	5 克
第二天	2 布拉斯	重量	10 克
第三天	4 布拉斯	重量	20 克
第四天	8 布拉斯	重量	40 克
第五天	16 布拉斯	重量	80 克
第六天	32 布拉斯	重量	160 克
第七天	64 布拉斯	重量	320 克
第八天	128 布拉斯	重量	640 克
第九天	256 布拉斯	重量	1 千克 280 克
第十天	512 布拉斯	重量	2 千克 560 克
第十一天	1 024 布拉斯	重量	5 千克 120 克
第十二天	2 048 布拉斯	重量	10 千克 240 克
第十三天	4 096 布拉斯	重量	20 千克 480 克
第十四天	8 192 布拉斯	重量	40 千克 960 克
第十五天	16 384 布拉斯	重量	81 千克 920 克
第十六天	32 768 布拉斯	重量	163 千克 840 克
第十七天	65 536 布拉斯	重量	327 千克 680 克
第十八天	131 072 布拉斯	重量	655 千克 360 克

这里有一个小窍门，即怎样能够简单快速地计算出一系列数字之和：以第二纵列为例，传统的算法是每个数字相加，例如从 1 到 32 768 相加，这种算法过于繁琐。

我们应该看到，这个数列较为特殊，是倍数为 2 的等比数列(即每一个数字都是前面数字的 2 倍)，因此，我们只需要用数列末尾数字的下一个数字减去 1，就可以得到整个数列之和。例如用 65 536 减去 1，得到的 65 535 即为从 1 加到 32 768 之和。泰伦斯向皇帝要 500 万个布拉斯，而他搬运的 18 个硬币一共等于 262 143 个布拉斯，即从 1 到 131 072 之和，因而结论是，他得到的钱约占他所要钱数的 1/19。

$$5\,000\,000 \div 262\,143 = 19$$

象棋的传说

I

国际象棋是最古老的游戏之一，它已存在了许多个世纪。关于国际象棋的发明有许多传说，这些传说因为时间久远而无法考证它的真实性，但这并无大碍。在这里我想讲述其中的一个传说。要想弄懂这个传说，无需学会下国际象棋，只需知道国际象棋是在被画了 64 个方格(黑白交替)的棋盘上来玩就足够了。

相传，国际象棋是在印度发明的，当印度国王舍罕王了解了国际象棋之后，他被国际象棋的精妙和无穷的变化所叹服。舍罕王得知国际象棋是他的一个臣民发明的，他非常高兴，要奖赏自己这个发明国际象棋的臣民，国王下令召见这个臣民。

国际象棋的发明者叫西萨，他奉命前来觐见国王。这是一个穿着朴素的学者，他的生活由他的学生供养。

“西萨，由于你的伟大发明，我要给你一些奖励。”国王说道。

西萨鞠了一个躬，以示感谢。

“我有足够的钱财，完全能够满足你的任何请求，”国王继续说。“你说吧，你想要什么？你想要什么，就能得到什么。”

西萨缄默不语。

“不要害怕，”国王鼓励他。“大胆说出你的请求。只要你想要，我什么都舍得给。”

“国王，您是善良仁慈的君主，这样吧，让我考虑一下，明天我再告诉您我的请求。”

第二天当西萨又来到国王面前，他说出了自己的请求。他的请求如此卑微，令皇帝大为震惊。

“国王，”西萨说道，“请命令在国际象棋盘的第一个方格里给我 1 个麦粒。”

“就 1 个麦粒吗？”国王惊讶地问道。

“是的，就 1 个麦粒，国王。在第二个方格里给我 2 个麦粒，在第三个方格里——4 个麦粒，在第四个方格里——8 个麦粒，在第五个方格里——16 个麦粒，在第六个方格里——32 个麦粒……”

“够了！”国王愤怒地打断了他的话。“你将得到棋盘所有 64 个方格里的所有麦粒，我明白你的请求了：每个方格里的麦粒比前一个方格里的麦粒多一倍。但是你要知道，你的请求不值得我如此慷慨。你希望得到的奖励少得可怜，简直是对我国王的亵渎。作为老师，你应当为学生作出忠君敬君的表率。你走吧。我的仆人将搬给你一袋小麦。”

西萨微笑不语，他退了出来，开始在皇宫门口等候。

Ⅱ

午餐之后，国王又想起了奖励之事，他派人前去打听，看看那个愚蠢的西萨是否已经拿走了自己那份少得可怜的奖赏。

“国王，您的命令正在执行。司库们正在计算，该给西萨拿走多少麦粒。”仆人回答道。

国王皱起了眉头，他不习惯自己的命令被拖延耽搁。

晚上，国王要就寝的时候，他又问了一次。他想知道，西萨是否早就提着自己的一袋小麦离开了皇宫。

“国王，司库们正在不停地工作，他们争取在天亮之前得出计算结果。”

“为什么迟迟算不出结果？”国王愤怒地喊道。“明天早晨，在我睡醒前，必须把所有应当发给西萨的麦粒都发给他。同样的命令我绝不再下第二次！”

翌日清晨，仆人禀报国王说，司库总管有要事请求觐见皇帝。

国王命令请他进来。

“在你汇报之前，我想问一下，西萨要的那份少得可怜的奖赏拿走没有？”皇帝有点急不可耐了。

“我正是为此事而来，皇帝，”年迈的总管回答道。“我们认真地计算出了西萨想要得到的所有麦粒的数量，这个数量是如此之大……”

“无论数量有多大，”国王傲慢地打断了他的话，“我都能够满足！既然答应奖励，就应当把麦粒发给他。”

“国王，这事儿不取决于您。您的所有粮仓里的麦粒加在一起，也达不到西萨所要的麦粒数量。甚至整个地球上也没有这么多的麦粒。如果您一定要奖励西萨，那么请命令把地球上所有的国家都变成耕地，让所有的海洋都枯干，让覆盖着遥远的北方地面的冰雪都融化。所有这些地方都种上小麦，并且所有这些小麦都奖给西萨，才能满足他的要求。”

听完总管的话，国王大为震惊。

“这个巨大的数字是多少？”国王表情凝重地问道。

——18 446 744 073 709 551 615。

Ⅲ

传说就是这样，它是否真实，无从考证，但是传说中奖赏数的计算是正确的。我们自己能够通过耐心的计算来证实这一点。从 1 开始，需要使数字相加：1、2、4、8，等等。增加 63 倍的结果显示，在棋盘的 64 个方格里应当给西萨多少个麦粒。

按照以前所讲方法，如果我们把最后的数字增加一倍然后减去 1，那么我们毫不费力就能求出应给的麦粒总数。也就意味着，把 64 个 2 连乘：2×2×2×2×2×2……。

为了简化计算，我们把这 64 个乘数分为每 10 个 2 为一组的 6 组和由 4 个 2 组成的最后一组。很容易算得，10 个 2 的乘积等于 1 024，而 4 个 2 的乘积等于 16。也就意味着，所求的结果等于 1 024×1 024×1 024×1 024×1 024×1 024×16。

1 024×1 024，我们得到 1 048 576。

现在剩下的是求出 1 048 576×1 048 576×1 048 576×16，然后从这个结果中减去 1，这样我们就知道了所求的麦粒数：18 446 744 073 709 551 615。

如果大家想知道这个大数有多大，那么请粗略估算一下，为了储存这些麦粒需要多大的粮仓。大家知道，1 立方米的小麦大约能储存 1 500 万个麦粒。也就是说，西萨被奖赏的麦粒应该占有大约 12 000 亿立方米的体积，或者是 1.2 万立方千米。当粮仓的高度为 4 米并且宽度为 10 米的时候，它的长度应该达到 3 亿千米，也就是从地球到太阳的距离的一倍！

国王显然无法满足西萨的请求。但是如果他略懂数学，那么他很容易想出办法，摆脱自己的尴尬境地。比如，他可以命令西萨一粒一粒地数出应当给他的所有麦粒。

假如西萨开始数麦粒，并且昼夜不停地数，1 秒钟数 1 粒，那么在第一天里他一共能数出 8.64 万个麦粒。为了数出 10 万个麦粒，他需要不停地数不少于 10 天。半年他大约能数出 1 立方米的小麦：这一共是 5 俄担(旧时俄国制定的测量颗粒体单位。1 俄担相当于 163.8 千克)。在 10 年里不停地数，他会数出不超过 100 俄担。大家会发现，甚至自己的下半生全部用来数麦粒，西萨也仅能得到他想要的一小部分麦粒。

免 费 午 餐

10 个学生决定用聚餐的方式庆祝中学毕业。当所有人都聚齐，并且第一道菜已经端上来的时候，他们还在争论，在桌旁如何坐。有人建议按照姓氏的字母顺序，有人建议按照年龄，有人建议按照成绩，还有人建议按照个头的高矮。

争论了很长时间，菜已经凉了，但是谁都没有坐下。

这时，服务员说话了："同学们，别争了，请先坐下，听我说。"

大家都坐下了。服务员继续说："你们先记一下，你们现在是按照什么顺序坐的。明天你们再来这里就餐，要按照新的座次。后天还要按照新的，直到你们试过所有可能的座次。当轮回到像你们今天这样的座次时，我承诺，我会开始天天请你们免费吃最好的午餐。"

大家都很赞同这个建议，决定天天都在这儿就餐，并且尝试不同的座次，以便能够尽早享用免费午餐。

但是他们不可能等到这一天了。不是因为服务员食言，而是因为可能的座次数如此巨大，它正好等于 3 628 800。不难算出，要想达到这个数，大约等上 1 万年！

10 个人能够产生如此数量的座次，这可能令大家无法相信。请大家自己检验一下计算。

首先需要确定位置变换的数量。为了简便起见，我们先从简单的位次变化开始计算，比如从 3 个物体的位置变化开始。我们把它们定名为 A、B 和 C。

我们想要确认，把它们一个移动到另一个位置上能够有多少种方法。如果把物体 C 暂时放到一边，那么摆放剩下的两个物体只有两种方法。

现在，我们把物体 C 放到上述两个物体中每一个物体的旁边。

我们可以摆出 3 种位次：

1）把物体 C 摆放在两个物体的后面；

2）把物体 C 摆放在两个物体的前面；

3）把物体 C 摆放在两个物体之间。

显然，除了这 3 种位次，物体 C 不能够再有其他的位次。但是由于我们有两对物体，AB 和 BA，那么一共应当有 2×3=6 种位次。

我们现在计算 4 个物体的最多位次。假如我们有 4 个物体 A、B、C 和 D。我们再把一个物体，比如物体 D 放到一边，用剩下的 3 个物体做位置变换。我们已经知道，3 个物体位置变换的数量是 6。把第四个物体 D 加到 3 个物体中的每一个旁边能够有多少种位置变化呢？显然能够有：

1）把物体 D 摆放在 3 个物体的后面；

2）把物体 D 摆放在 3 个物体的后面；

3）把物体 D 摆放在第一个和第二个物体之间；

4）把物体 D 摆放在第二个和第三个物体之间。

因此，一共得到 6×4=24 种位置变换；而因为 6=2×3，而 2=1×2，那么能够使用乘积的形式写出所有位置变换的数量：1×2×3×4=24。

如此推断，5 个物体时，它们位置变换的数量等于 1×2×3×4×5=120。

6 个物体，它们位置变化的数量是：1×2×3×4×5×6=720，等等。

现在我们回到 10 个午餐者的位次变化上。如果计算出乘积 1×2×3×4×5×6×7×8×9×10，那么位次数量便被确定下来，确实是 3 628 800。如果在 10 个午餐者中有 5 个女性，并且她们一定要与男性交替坐在餐桌旁，则这种计算更为复杂。虽然位次数量要少得多，但是计算起来更困难。

假如先坐在桌旁的是一个男性，给女性留个空位置，一男一女这样交替着坐，剩下的 4 个男性最多位次是 1×2×3×4=24 种。因为一共有 10 把椅子，那么第一个男性应当有 10 种位次。所有男性的最多位次是 10×24=240。

5 个女性能有多少位次呢？应当是 1×2×3×4×5=120 种。把男性的 240 种位次中的每一个与女性 120 种位次中的每一个组合起来，得到的就是所有可能的位次：240×120=28 800。

这个数量比上一个数量小很多，但是也得需要大约 79 年。当这些午餐者活到 100 岁的时候，他们才能等到免费的午餐，不过，到那个时候接待他们的可能不是那个服务员，而是他的子孙了。

我们再看一个类似的问题。

班级里有 25 个学生，这 25 个学生可能有多少不同的座次呢？

如果你已经理解的上述计算方法，那么，计算此题并不难。需要把 25 个数连乘：$1\times2\times3\times4\times5\times6\cdots\cdots\times23\times24\times25$。

数学可以简化很多计算方法，但是上述这道算题却不能简化。正确地完成这个计算没有别的方法，只能把所有这些数连乘。巧妙地组合一些乘数能够稍微节约一点时间。从 1 到 25，这 25 个数相乘得到的结果是一个巨大的数——我们很难想象它的大小。

这个巨大的数字是：15 511 210 043 330 985 984 000 000。

4. 数字运算小游戏

用7个数字

请大家从1到7连续写出这7个数字：1 2 3 4 5 6 7。用“＋”和“－”的方式进行计算，很容易得到结果是40：

$$12+34-5+6-7=40$$

请找出用这7个数进行的其他组合，要求得到的不是40，而是55。

9 个 数 字

请大家连续写出9个数：1 2 3 4 5 6 7 8 9。

不改变它们的顺序，大家能够在它们之间如此地放入“＋”和“－”，以至于结果正好是100。

例如，放入6次“＋”和“－”，使用如此的方法不难得到100：

$$12+3-4+5+67+8+9=100$$

如果大家想只放入4次“＋”和“－”，那么大家也能够得到100：

$$123+4-5+67-89=100$$

但是，请尝试一共只使用3次“＋”和“－”而得到100。

这要困难得多。但是仍然可能——只需耐心地寻找。

用10个数字

请大家使用所有的10个数字算出100。大家能想出多少种方法呢?

至少不少于4种方法。

1

请大家使用所有的10个数字算出1。

用 5 个 2

5个2和任何的数学运算符号由大家使用。充分利用这个数字,并且运用数学运算符号,大家应该只借助这个数字算出下面的数字: 15,11,12 321。

再用 5 个 2

大家能用5个2算出数字28吗?

用 4 个 2

这个问题比上面的所有问题都费解。需要用4个2算出数字111。这是可能的吗?

用 5 个 3

当然,大家知道,用5个3和运算符号能够如此地写出数字100:

$$33\times3+\frac{3}{3}=100$$

但是用 5 个 3 能够写出数字 10 吗？大家怎么认为呢？

数 字 37

只用 5 个 3 和运算符号，请使用类似的方法写出数字 37。

用 4 种方法

请大家用 5 个一样的数字用 4 种不同的方法算出数字 100。

用 4 个 3

用 4 个 3 很容易算出数字 12：

$$12=3+3+3+3$$

用类似的方法由 4 个 3 构成数字 15 和 18 是有点困难的：

$$15=(3+3)+(3\times3)$$
$$18=(3\times3)+(3\times3)$$

但是如果需要使用同样的方法用 4 个 3 算出数字 5，那么大家大概不会马上想到：

$$5=\frac{3+3}{3}+3$$

现在请大家自己尝试找到由 4 个 3 构成数字 1,2,3,4,5,6,7,8,9,10 的方法，简单地说，就是构成从 1—10 的所有数字(像上面写出数字 5 那样)。

用 4 个 4

如果大家完成了上面的问题，并且对类似的难题有兴致，那么请大家尝试用 4 个 4 构成从 1—10 的所有数字。与由 3 构成这些数字相比这一点也不难。

用 4 个 5

需要借助 4 个 5 和运算符号连接它们来算出数字 16。

怎样才能做到这一点呢?

用 5 个 9

请大家用 5 个 9 算出数字 10。请至少说出两种方法。

24

用 3 个 8 很容易算出数字 24：8+8+8。但是大家能够不用 8,而是用其他的 3 个一样的数字做到这个吗?

此题不只有一个答案。

30

用 3 个 5 很容易算出数字 30：5×5+5。用 3 个其他的一样的数字做到这个是有点困难的。大家能够成功地找到几个答案吗?

1 000

大家能够用 8 个一样的数字算出数字 100 吗? 除数字之外,也允许使用运算符号。

怎样才能得到 20?

在这里大家看到一个被写在另一个下面的 3 个数字:

111

777

999

需要划掉 6 个数字，使剩下的数字在一起构成 20。

大家能完成吗？

划掉 9 个数字

下面 5 行中含有 15 个奇数：

1	1	1
3	3	3
5	5	5
7	7	7
9	9	9

问题是：选出 9 个数字，划掉它们，并用数字 0 代替。接着，把新构成的 5 行数字相加，得到的总和应当是 1 111。

在镜子里面

如果用镜子看某一年，那么 19 世纪的哪一年会扩大 4.5 倍呢？

哪一年？

如果把某一年"头朝下"(顺时针)翻转，那么在 20 世纪里有如此的完全不变样子的一年吗？

哪两个数字？

哪两个整数把它们连乘构成 7 呢？请不要忘记，两个数字都应该是整数，因此像

$3\frac{1}{2}\times 2$ 或者 $2\frac{1}{3}\times 3$ 如此的答案是不合适的。

相加与连乘

哪两个整数把它们相加得到的数比把它们连乘得到的数大呢?

得数一样

哪两个整数把它们连乘得到的数与把它们相加得到的数是一样的呢?

偶质数

大家当然知道,什么样的数被称作质数,这是那些只被自己整除的数。其余的数被称作合数。

大家试想,所有的偶合数都存在偶质数吗?

3 个数字

哪 3 个整数把它们连乘与把它们相加得到的数是一样的呢?

加法与乘法

毫无疑问,大家已经注意到了等式有趣的特征:

$$2+2=4$$
$$2\times 2=4$$

当两个整数(并且是相等的)的和与积的结果是一样数的时候,这是唯一的例子。

但是,大家可能不知道,存在具有一样的和与积的特征不相等的数。

请尝试寻找这种数的例子。为了让大家充满信心,我告诉大家,这种数很多,但是它们中不是所有的都是整数。

乘法与除法

哪两个整数用它们中大数除以小数得到的数与把它们连乘得到的数是一样的呢?

两 位 数

某两位数除以它的两个数之和,结果又是被除以的两个数之和。请找出这个数。

多 9 倍

数字 12 和 60 具有有趣的特征:把它们连乘得到的数比把它们相加得到的数整整多 9 倍:

$$12\times60=720,12+60=72$$

请大家再尝试找到这样的一对数字。如果幸运,大家甚至可以找到几组带有同样特征的数字。

用两个数字

用两个数字能够写出的最小的正整数是多少呢?

最大的数字

用 4 个 1 能够写出的最大数字是多少呢?

特殊的分数

请大家注意分数$\frac{6\ 729}{13\ 458}$。在它的里面所有的 9 个有效数字每个都被使用了一次。很容易证实，这个分数等于$\frac{1}{2}$。

按照同样的方法，能用这 9 个数字构成下面的分数：$\frac{1}{3}$，$\frac{1}{4}$，$\frac{1}{5}$，$\frac{1}{6}$，$\frac{1}{7}$，$\frac{1}{8}$，$\frac{1}{9}$吗？

他乘以了什么？

一个中学生做了一个乘法，然后从黑板上擦掉了大部分的数字，只保留下来第一行的数字和最后一行的两个数字。剩下的数字仅留下痕迹。题目如下：

```
    235
 ×   **
 ------
   ****
 +****
 ------
  **56*
```

大家能恢复这个中学生所乘的数字吗？

缺少的数字

在这个乘法的例题里超过一半的数字被“*”所代替：

```
     *1*
  ×  3*2
  ------
     *3*
   3*2*
 +*2*5
 -------
  1*8*30
```

大家能恢复缺少的数字吗？

哪些数字？

这是同一类型的问题。需要确定，在例题里连乘了哪些数字：

$$
\begin{array}{r}
\ast\ast 5 \\
\times \quad 1\ast\ast \\
\hline
2\ast\ast 5 \\
+\ 13\ast 0\ \ \\
\ast\ast\ast\ \ \ \ \\
\hline
4\ast 77\ast
\end{array}
$$

特殊的相乘现象

请仔细观察这样两个数字相乘的现象。

$$48\times159=7\,632$$

这个式子是特殊的，因为在式子里面所有的 9 个有效数字都参与了。

大家能够再写出几个这样的例子吗？如果有，那么一共能有多少个呢？

除 以 11

请写出任何一个九位数，要求在它的里面没有重复的数字（所有的数字都是不同的），并且它被 11 整除。

请写出这个数字中最大的数和最小的数。

一个数字三角形

请大家把所有 9 个有效数字这样摆放在这个三角形的圆圈里（如图 1），要求在每条边上它们的和都是 20。

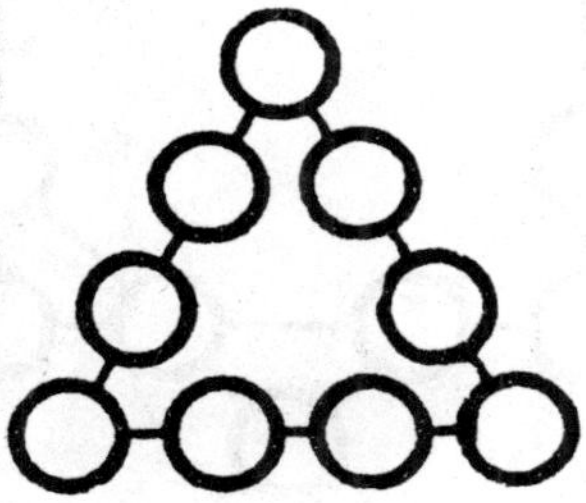

（图 1）

另一个数字三角形

请大家把所有的 9 个有效数字这样摆放在同样的三角形圆圈里(如图 2),要求在每条边上它们的和都等于 17。

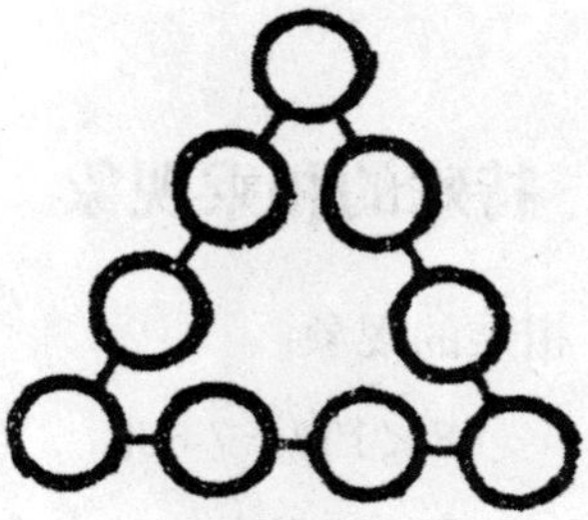

(图 2)

八　角　星

需要把从 1—16 的数字这样摆放在这个图形中线的交点上,如图 3 所示,要求在每个正方形边上的数字之和都是 34,并且每个正方形顶点上的数字之和也是 34。

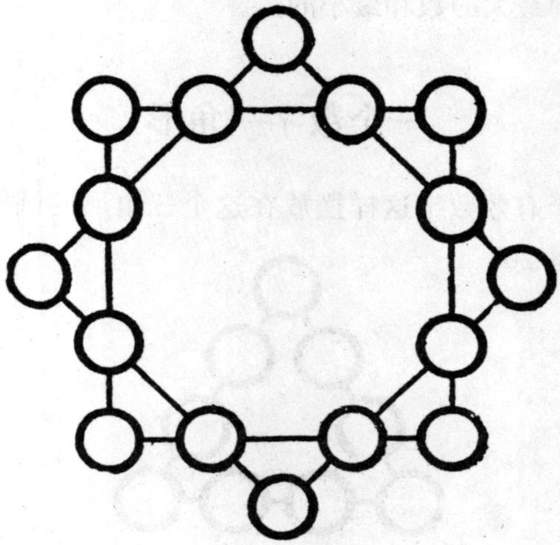

(图 3)

神秘的星星

如图 4 所示，6 个角的数字星星具有“神秘的”特征：所有的 6 行数字具有相同的和：

$$4+6+7+9=26$$

$$4+8+12+2=26$$

$$9+5+10+2=26$$

$$11+6+8+1=26$$

$$11+7+5+3=26$$

$$1+12+10+3=26$$

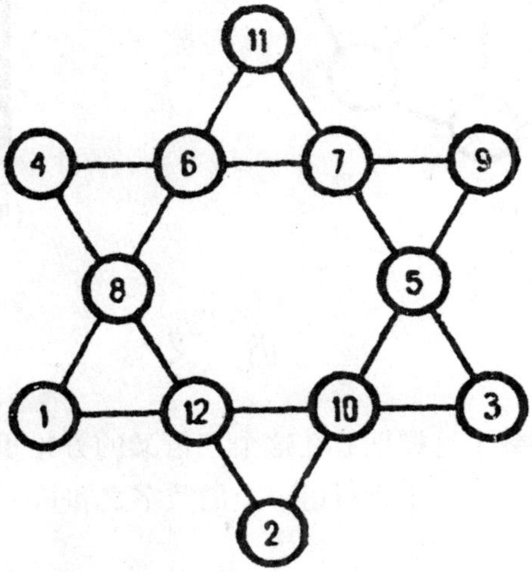

(图 4)

但是摆放在星星顶点上的数字之和却是其他数：

$$4+11+9+3+2+1=30$$

大家改进一下这个星星，把数字这样摆放在圆圈里，不仅要求直行是相同的和(26)，而且要求星星顶点上的数字也构成相同的和(26)。

数 字 车 轮

如图 5 所示，需要把从 1—9 的数字这样摆放在图形里，要求一个数字在圆圈的中心，其余的数字在每条直径的两端，并要求每行的 3 个数字之和构成 15。

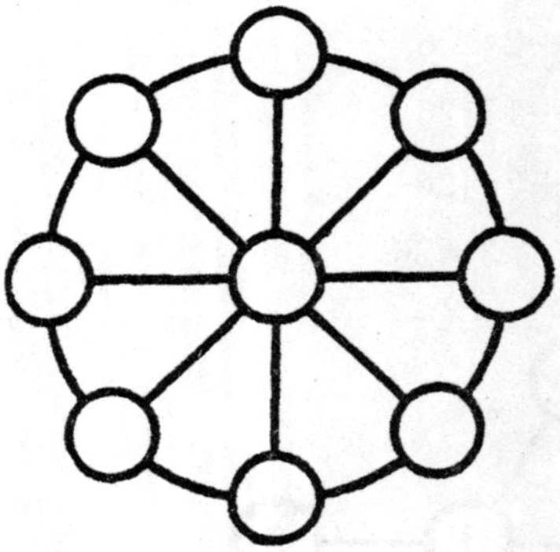

（图 5）

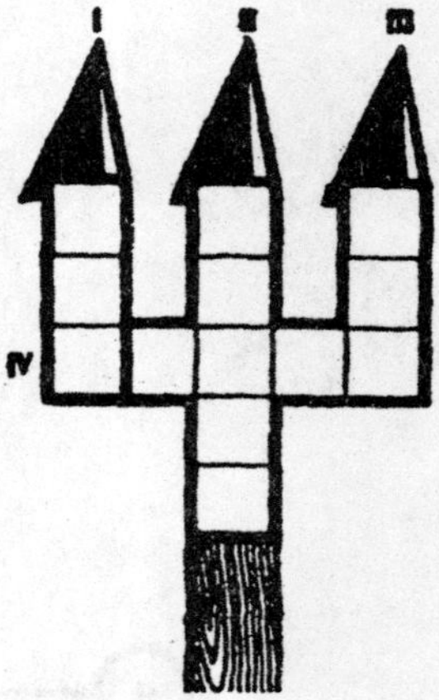

（图 6）

三 齿 叉

需要把从 1—13 的数字这样摆放在这个三齿叉的方格里，要求在 3 个纵行（Ⅰ，Ⅱ，Ⅲ）中每行数字之和与在一个横行（Ⅳ）上的数字之和是一样的（如图 6）。

请大家尝试一下。

答　　案

用 7 个数字

这个问题的答案不是一种，而是三种。它们是：

$$123+4-5-67=55$$

$$1-2-3-4+56+7=55$$

$$12-3+45-6+7=55$$

9 个数字

这是大家由连续的 9 个数字和 3 个符号能够得到 100 的方法：

$$123-45-67+89=100$$

这是唯一的答案；9 个数字与被使用 3 次的“+”和“-”的任何其他组合的结果都不是 100。

使用少于 3 次的“+”和“-”也不可能得到这个结果。

用 10 个数字

这里有 4 种答案：

$$70+24\frac{9}{18}+5\frac{3}{6}=100$$

$$80\frac{27}{54}+19\frac{3}{6}=100$$

$$87+9\frac{4}{5}+3\frac{12}{60}=100$$

$$50\frac{1}{2}+49\frac{38}{76}=100$$

1

需要把 1 想象成两个分数之和：

$$\frac{148}{296}+\frac{35}{70}=1$$

了解代数的人还能够给出其他的答案：

$123\,456\,789^{0}$；$234\,567^{9-8-1}$，等等，因为数字的零次方等于 1。

用 5 个 2

能够写出数字 15：

$$(2+2)^{2}-\frac{2}{2}=15 \qquad \frac{22}{2}+2\times2=15$$

$$(2\times2)^{2}-\frac{2}{2}=15 \qquad \frac{22}{2}+2^{2}=15$$

$$2^{(2+2)}-\frac{2}{2}=15 \qquad \frac{22}{2}+2+2=15$$

数字 11：

$$\frac{22}{2}+2-2=11$$

数字 12 321。初看起来用 5 个一样的数字写出如此的 5 位数是不可能的。但是这个问题解决了。答案如下：

$$\left(\frac{222}{2}\right)^{2}=111^{2}=111\times111=12\,321$$

再用 5 个 2

$$22+2+2+2=28$$

用 4 个 2

$$\frac{222}{2}=111$$

用 5 个 3

如果需要算出数字 10，而且不是使用 5 个 3，而是使用 5 个 1，5 个 4，5 个 7，5 个 9——总之随便使用 5 个一样的数字，那么这个问题同样完全可以解决。的确：

$$\frac{11}{1}-\frac{1}{1}=\frac{22}{2}-\frac{2}{2}=\frac{44}{4}-\frac{4}{4}=\frac{99}{9}-\frac{9}{9}\text{等}$$

同样的问题有其他的解决方法：

$$\frac{3\times3\times3+3}{3}=10$$

$$\frac{3^3}{3}+\frac{3}{3}=10$$

数 字 37

有两种答案：

$$33+3+\frac{3}{3}=37$$

$$\frac{333}{3\times3}=37$$

用 4 种方法

用 5 个一样的数字，5 个 1，5 个 3 和更简单的 5 个 5，能够算出数字 100：

$$111-11=100$$

$$33\times3+3+\frac{3}{3}=100$$

$$5\times5\times5-5\times5=100$$

$$(5+5+5+5)\times5=100$$

用 4 个 3

$1=\frac{33}{33}$（有其他的方法）

$2=\frac{3}{3}+\frac{3}{3}$

$3=\frac{3+3+3}{3}$

$4=\frac{3\times3+3}{3}$

$6=(3+3)\times\frac{3}{3}$

在这里我们只指出 6 之前的答案。请大家自己找到剩下的答案。使用 3 的其他的组合也能够构成以上指出的答案。

用 4 个 4

$1=\frac{44}{44}$，或者$\frac{4+4}{4+4}$，或者$\frac{4\times4}{4\times4}$等

$2=\frac{4}{4}+\frac{4}{4}$，或者$\frac{4\times4}{4+4}$

$3=\frac{4+4+4}{4}$，或者$\frac{4\times4-4}{4}$

$4=4+4\times(4-4)$

$5=\frac{4\times4+4}{4}$

$6=\frac{4+4}{4}+4$

$7=4+4-\frac{4}{4}$或者$\frac{44}{4}-4$

$8=4+4+4-4$ 或者 $4\times4-4-4$

$9=4+4+\frac{4}{4}$

$10=\frac{44-4}{4}$

用 4 个 5

只存在 1 种方法。

$$\frac{55}{5}+5=16$$

用 5 个 9

两种方法是这样的：

$$9+\frac{99}{99}=10$$

$$\frac{99}{9}-\frac{9}{9}=10$$

了解代数的人还能够增加几种答案，例如：

$$\left(9\frac{9}{9}\right)^{\frac{9}{9}}=10$$

$$9+99^{9-9}=10$$

24

这是两种答案：

$$22+2=24;3^3-3=24$$

30

给出 3 种答案：

$$6\times6-6=30;3^3+3=30;33-3=30$$

1 000

888＋88＋8＋8＋8＝1 000

怎样才能得到 20?

需要如此地做这个(被划掉的数字被零代替)：

011
000
009

的确，11＋9＝20

划掉 9 个数字

这个问题有几种答案。举出 4 个例子，使用零代替被划掉的数字：

100	111	011	101
000	030	330	303
005	000	000	000
007	070	770	707
999	900	000	000
1 111	1 111	1 111	1 111

在镜子里面

在镜子里面不变形状的数字：1、0和8。也就意味着，所求的这一年只能够含有如此的数字。除此之外，我们知道，这是19世纪中的一年，也就是说它的前两个数字是18。

现在很容易想出，这是：1818年。在镜子里1818年变成8181年：这正好比1818年大$4\frac{1}{2}$倍：

$$1\,818\times4\frac{1}{2}=8\,181$$

这个问题没有其他的答案。

哪 一 年?

在20世纪里只有一个如此之年：1961年。

哪两个数字?

答案是简单的：1和7。没有其他如此的数字。

相加与连乘

有的是如此的数字：

$$3\times1=3\quad3+1=4$$
$$10\times1=10\quad10+1=11$$

总之任何一对其中一个是1的整数。

这是因为加1数字会扩大，而乘1数字没有变化。

得数一样

这两个数字是 2 和 2。没有具有如此特征的其他整数。

偶质数

存在一个偶质数——数字 2。它只被自己整除。

3 个数字

1,2,3 在连乘的时候和在相加的时候得到的数字是一样的：

$$1+2+3=6 \qquad 1\times2\times3=6$$

加法与乘法

存在许多对如此的数。这是几个例子：

$3+1\frac{1}{2}=4\frac{1}{2}$　　$3\times1\frac{1}{2}=4\frac{1}{2}$

$5+1\frac{1}{4}=6\frac{1}{4}$　　$5\times1\frac{1}{4}=6\frac{1}{4}$

$9+1\frac{1}{8}=10\frac{1}{8}$　　$9\times1\frac{1}{8}=10\frac{1}{8}$

$11+1.1=12.1$　　$11\times1.1=12.1$

$21+1\frac{1}{20}=22\frac{1}{20}$　　$21\times1\frac{1}{20}=22\frac{1}{20}$

$101+1.01=102.01$　　$101\times1.01=102.01$ 等等。

乘法与除法

有很多如此的数字。例如：

$2\div1=2$	$2\times1=2$
$7\div1=7$	$7\times1=7$
$43\div1=43$	$43\times1=43$

两 位 数

显然，所求的数字应该是平方。因为在两位数中一共有 6 个平方，那么很容易尝试找到唯一的答案——81：

$$\frac{81}{8+1}=8+1$$

多 9 倍

这是另外 4 对如此的数字：

11 和 110；14 和 35；15 和 30；20 和 20。

的确：

$11\times110=1\,210$	$11+110=121$
$14\times35=490$	$14+35=49$
$15\times30=450$	$15+30=45$
$20\times20=400$	$20+20=40$

这个问题没有其他的答案。乱找答案是相当麻烦的。对代数知识的了解在很大程度上会简化这个问题，不光能够得到所需的答案，而且能证实这个问题没有超过 5 种答案的可能性。

用两个数字

使用两个数字能够写出的最小的整数不是像其他的读者大概认为的 10，而是被如此地算出的 1：

$$\frac{1}{1},\frac{2}{2},\frac{3}{3},\frac{4}{4},\cdots\cdots\frac{9}{9}$$

了解代数的人还会给这些表达式增加一系列其他的答案：

$1^0, 2^0, 3^0, 4^0, \cdots\cdots 9^0$，因为任何数字的零次方都等于 1$\left(\right.$但是答案$\frac{0}{0}$或者 0^0 是不正确的，这些表达式不符合规范的数学定义，因而没有任何意义$\left.\right)$。

最大的数字

通常作为这个问题的答案大家会写出 1 111，但是这还远远不是最大的。如此的数字要比它大得多——大两亿五千万，为 11^{11}。

虽然它是被使用 4 个 1 写出的，但是如果计算它，它含有超过 2 850 亿个 1。

特殊的分数

这个问题具有几种答案。这是它们中的一种：

$\frac{1}{3}=\frac{5\,823}{17\,469}$　　$\frac{1}{4}=\frac{3\,942}{15\,768}$

$\frac{1}{5}=\frac{2\,697}{13\,485}$　　$\frac{1}{6}=\frac{2\,943}{17\,658}$

$\frac{1}{7}=\frac{2\,394}{16\,758}$　　$\frac{1}{8}=\frac{3\,187}{25\,496}$

$\frac{1}{9}=\frac{6\,381}{57\,429}$

存在许多种答案；能够构成分数$\frac{1}{8}$的方法尤其多种多样——超过 40 种方法！

他乘以了什么？

如此地推断。数字 6 是由两行的两个数字相加得到的，两个数字中下面的数字或者是 0，或者是 5(因为任何数字与 5 相乘，只会出现 0 和 5 两种情况)。但是如果下面的数字是 0，那么上面的数字是 6。而上面的数字能够是 6 吗？请尝试一下。结果是，乘数的第二个数字无论等于什么，在第一部分的乘积的倒数第二个位置都不

会得到 6。也就意味着，倒数第二行的下面的数字应该是 5，那么在它上面的数字是 1。现在很容易恢复一部分被擦掉的数字

```
    235
×    **
-------
   **1*
+***5
-------
  **56*
```

乘数的最后一个数字应该大于 4，否则第一部分的乘积就不会由 4 个数字组成。这不能够是数字 5（在倒数第二个位置上不会得到 1）。尝试一下数字 6——正合适。有：

```
    235
×    *6
-------
   1410
+ ***5
-------
  **560
```

使用类似的方法继续推断，求出这个乘数等于 96。

缺少的数字

如果运用下面的推断过程，那么缺少的数字逐渐会被恢复。为了方便，把所有的行都编上号码：

```
     *1*   ………………  Ⅰ
×   3*2   ………………  Ⅱ
---------
     *3*   ………………  Ⅲ
   3*2*    ………………  Ⅳ
+*2*5      ………………  Ⅴ
---------
  1*8*30   ………………  Ⅵ
```

很容易想出，Ⅲ行最后的“ * ”是数字 0：这是由于数字 0 在Ⅵ行的末尾。

现在Ⅰ行最后的“＊”的数值被确定：这个数字乘以 2 会得到末尾是 0 的数字，而这个数字乘以 3 会得到末尾是 5 的数字（Ⅴ行）。如此的数字只有一个——5。

不难想到，什么数字被隐藏在Ⅱ行的“＊”下面：8，因为只有在数字 15 乘以 8 的时候会得到末尾是 20 的结果（Ⅳ行）。

最后，Ⅰ行第一个“＊”的数值是明显的，这是数字 4，因为只有数字 4 乘以 8 会得到开始是 3 的结果（Ⅳ）。

现在确认剩下的未知数就没有任何困难了，只要把前两行的已经完全被确定的数字连乘就行了。

结果得到如此的乘法例题：

```
    415
  × 382
 ------
    830
   3320
 +1245
 ------
 158530
```

哪 些 数 字?

使用刚才被运用的类似的推断过程确定在这种情况下“＊”的数值。

得到：

```
    325
  × 147
 ------
   2275
  +1300
   325
 ------
  47775
```

特殊的相乘现象

耐心的读者能够找到如此乘法的 9 种情况。它们是：

12×483=5 796

42×138=5 796

18×297=5 346

27×198=5 346

39×186=7 254

48×159=7 632

28×157=4 396

4×1 738=6 952

4×1 963=7 852

除 以 11

为了解决这个问题，需要了解被 11 整除的特征。如果它在偶数位置上的数字的和与它在奇数位置上的数字的和之间的差数被 11 整除或者等于零，那么这个数字被 11 整除。

作为例子，尝试一下数字 23 658 904。

在偶数位置上的数字的和：

$$3+5+9+4=21$$

在奇数位置上的数字的和：

$$2+6+8+0=16$$

它们的差数(需要用大数减去小数)等于：

$$21-16=5$$

这个差数(5)不被 11 整除，也就意味着，所举的数字不被 11 整除。

尝试一下另外的数字——7 344 535：

$$3+4+3=10$$

$$7+4+5+5=21$$

$$21-10=11$$

因为 11 被 11 整除，那么所尝试的数字被 11 整除。现在很容易想出，需要按照什么样的顺序写出 9 个数字，以至于得到 11 的倍数，并且符合这个问题的要求。

这是例子：352 049 786。尝试一下：

$$3+2+4+7+6=22$$

$$5+0+9+8=22$$

差数 22－22＝0，也就意味着，我们所写出的数字被 11 整除。

所有如此的数字中最大的数是：987 652 413。

所有如此的数字中最小的数是：102 347 586。

一个数字三角形

答案如图 7 所示。能够把每行中间的数字颠倒顺序，因此又得到一种答案。

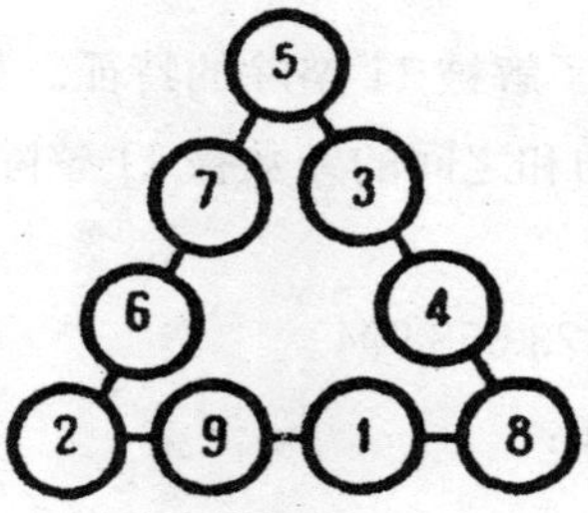

（图 7）

另一个数字三角形

答案如图 8 所示。能够把每行中间的数字颠倒顺序，因此又得到一种答案。

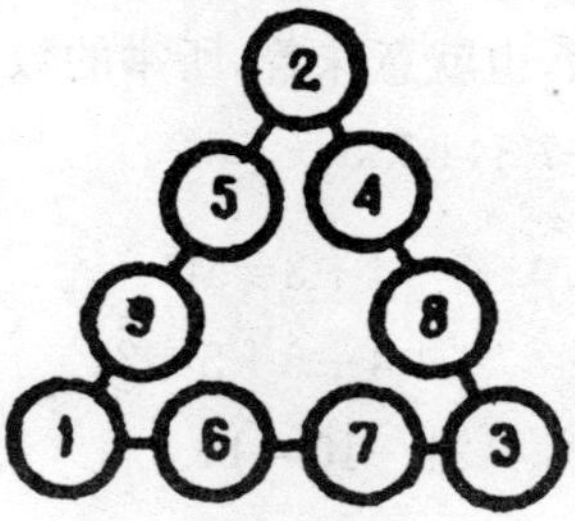

（图 8）

八 角 星

答案如图 9 所示。

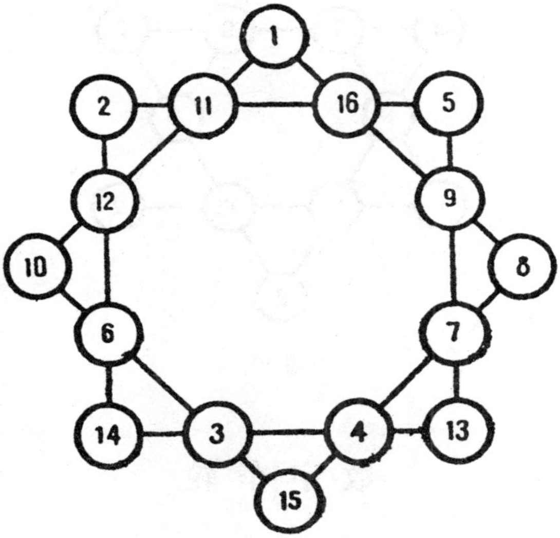

(图 9)

神秘的星星

为了简化找到所需要的数字的位置,将按照下面的推测。

在所求星星的角上的数字之和等于 26,星星的所有的数字之和——78。也就意味着,里面的六角形的数字之和等于 78－26＝52。

然后观察两个大三角形中的一个。它每条边的数字之和都等于 26。把所有的 3 条边的数字相加——得到 26×3＝78,并且在角上的每个数字都参加两次。而因为我们知道里面的 3 对数字之和(也就是里面的六角形)应该等于 52,那么在每个三角形的顶点上的数字之和的一倍等于 78－52＝26,和等于 13。

现在寻找的范围明显地缩减了。例如,我们知道,12 和 11 不能够占据星星的顶点。也就意味着,能够从 10 开始尝试,并且哪两个数字应该占据三角形剩下的顶点立即被确定：1 和 2。

继续使用如此的方法，最后我们会找到所需要的位置。如图 10 所示。

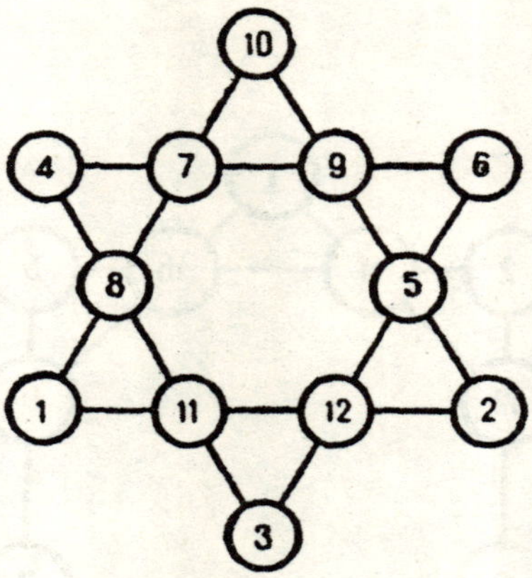

（图 10）

数 字 车 轮

答案如图 11 所示。

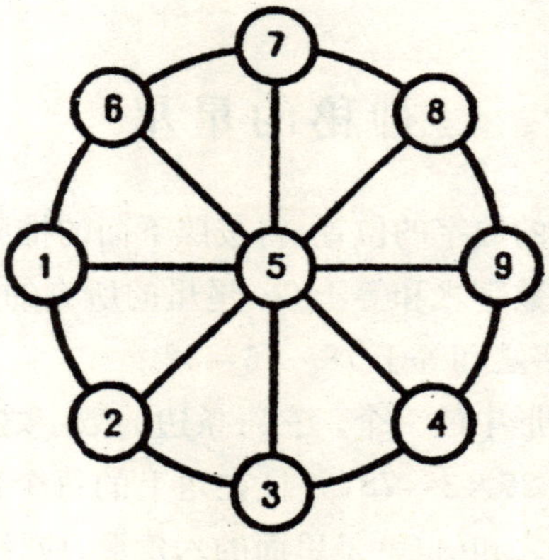

（图 11）

三 齿 叉

这是所需要的数字的位置(如图 12)。在 4 行中的每行里的数字之和都等于 25。

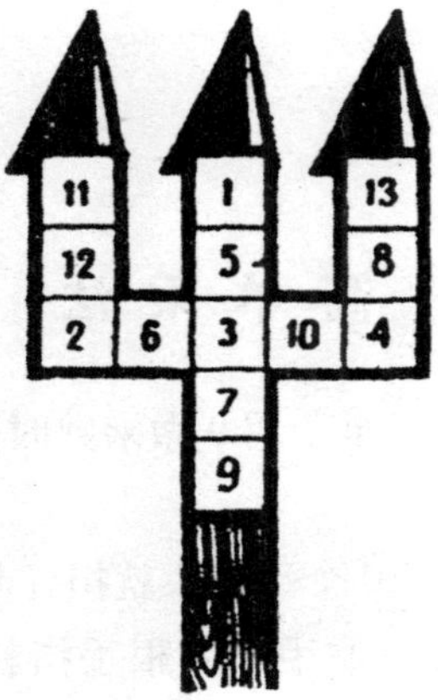

(图 12)

5. 快 乐 算 术

简 单 乘 法

如果你的乘法表记得不牢，以至于用9做乘数时都感到胆怯，那么我教你一个手指计算法吧。

将双手摊开放在桌子上——10个手指头就担任起了计算器的角色。

我们举个例子吧，比如4×9。左手第4根手指就能给你答案。不信你瞧，弯曲左手无名指，从左边数有3根手指，从右边数有6根。请读出来：36。也就是说4×9=36。

再举个例子：7×9等于几呢？从左边数第7根手指，它的左侧有6根手指，它的右侧有3根。答案：63。

9×9等于几呢？从左边数第9根手指前面有8根手指，从右边数有1根。答案：81。

这个手指计算器帮你记住6×9等于几，免得你总是弄混，搞不清究竟是等于54还是56。从左边数第6根手指之前有5根手指，从右边数有4根，也就是说，6×9=54。

寒鸦与树丫

（民间计算题）

飞来一群鸦，

坐在树枝丫。

每丫一只鸦，

一鸦没树丫，
每丫两只鸦，
一丫没有鸦，
一共
几只寒鸦？
几个树丫？

多少个兄弟姐妹？

我的兄弟数量和姐妹数量一样多，每个姐妹有的姐妹数量比兄弟数量少一半。我们一共有多少个兄弟姐妹？

几 个 孩 子？

我有 6 个儿子。每个儿子都有 1 个亲生姐妹。那么请猜猜我一共有几个孩子？

早 餐

2 个父亲和 2 个儿子早餐吃了 3 个鸡蛋，然而他们中的每一个人却都吃了 1 个鸡蛋。你如何来解释这件事呢？

3/4 个 人

人们问一个农田队队长，队里一共有多少个人。他的回答相当巧妙："队里人不多。我们所有队员的 3/4 再加上 3/4 个人——就是我们队员的总数。"

你能猜出队里一共有多少人吗？

他们多大岁数？

"老爷爷，请告诉我，您儿子多大岁数啦？"

“他的岁数是我孙子岁数的 7 倍。”

“那您孙子几岁啦?”

“他的月份数和我的岁数一样大。”

“那么您究竟多大岁数啊?”

“我们 3 个岁数加起来正好 100 岁。你猜猜,我们每个人都多大岁数?”

谁的年龄大?

再过两年我儿子的年龄就是他两年前年龄的两倍。而我女儿再过 3 年就是她 3 年前年龄的两倍。

谁的年龄大?是我儿子还是我女儿?

我儿子的年龄

现在我儿子的年龄是我年龄的 1/3。但是 5 年前他的年龄是我当时年龄的 1/4。他现在多大了呢?

多大年岁?

一个爱猜谜语的人被问起自己的年龄,他的回答非常奇妙:“请你用我 3 年之后年龄的 3 倍减去我 3 年之前年龄的 3 倍,你就刚好得到我现在的年龄了。”

他现在究竟多大岁数?

计算工龄

我偶然在火车上听到两个乘客在交谈:“你说你的工龄比我长两倍?”

“是啊,正好两倍。”

“记得你以前说过是 3 倍呀。”

“是两年前说的吧?那时候是 3 倍,而现在只有两倍。”

他们俩人的工龄各是多少?

每人玩几局?

3个人玩跳棋，一共玩了3局。请问每人玩了几局?

蜗　　牛

蜗牛突发奇想要爬上15米高的树。它每天白天爬上去5米，但是每天晚上睡觉时又滑下去4米。

蜗牛要经过多长时间才能爬到树顶呢?

去　农　庄

从工厂去农庄的道路崎岖不平：要先在山上走8千米，然后再在山下走24千米。米哈伊尔去的时候是骑自行车，并且在中途没有停顿的情况下，用了2小时50分钟。回来时他也是骑自行车，并且也是在中途没有停顿，但却用了4小时30分钟。

你能说出米哈伊尔在山上的骑行速度和在山下的骑行速度吗?

两个小学生

“给我1个苹果吧，这样我的苹果数量就是你的苹果数量的两倍了。”一个小学生对另一个小学生这样说。

“这不公平。最好是你给我1个苹果，那样我们的苹果数量就一样多了。”另一个同学这样答道。

你能猜出这两个小学生各有几个苹果吗?

蜂　蜜　桶

在仓库里有7个装满蜂蜜的桶，7个装了一半蜂蜜的桶和7个空桶。这些桶和蜂蜜都被3家合作社买走，他们需要把桶和蜂蜜都平均分好。

请问在不改变蜂蜜和桶现有状态的前提下，怎样才能平均分给3家合作社？

如果你认为还有不同的做法，请说出来。

米沙的小猫

米沙看见一只被遗弃的小猫，想把它带回家。米沙已经有好几只小猫了，但他却不想告诉同学们，一共有几只，怕大家笑话他。曾经有人这样问过他：

"你现在一共有几只小猫啊？"

"不多，"他回答说，"总数的3/4再加上3/4只小猫就是我所拥有的全部小猫啦。"

米沙一共有几只小猫呢？

袜子和手套

在一个抽屉里有10双棕色袜子和10双黑色袜子，在另一个抽屉里有10副棕色手套和10副黑色手套。从每个抽屉里取出多少只袜子和多少只手套，才能配上一双袜子和一副手套呢？

书　虫

有这样一些昆虫，它们能嗑书。它们一页接一页地嗑，直到嗑穿一整本书。一只书虫从第一本书的第一页开始嗑，嗑到放在它旁边的另一本书的最后一页。

每本书都是800页。

书虫一共嗑多少页书？

这题不难，但也不像你想得那么简单。

蜘蛛和甲虫

一个少先队员把蜘蛛和甲虫放进盒子里——一共8只。他好奇地数一数在盒子里有多少条腿，结果是54条腿。

在盒子里有多少只蜘蛛和多少只甲虫？

7 个朋友

有一个人有 7 个朋友。第一个朋友每天晚上都到他家去做客，第二个朋友每隔 1 天晚上到他家做客，第三个朋友每隔 2 天晚上，第四个朋友每隔 3 天晚上……直到第七个朋友，也就是每隔 6 个晚上。

会经常发生 7 个朋友在同一天晚上一起聚在主人家这种情况吗？

答　案

寒鸦与树丫

这道古老的民间算题应当这样解答。第一种情况，给每只寒鸦一个树丫坐，树丫的数量不够，多出一只寒鸦。第二种情况，所有的寒鸦两两一组坐在树丫上，而一个树丫却没有寒鸦，也就是说，要想坐满树丫，缺少两只寒鸦。因此为了满足第二种情况，需要比第一种情况多出 3 只寒鸦。所以答案就是，一共有 3 个树丫，4 只寒鸦。

多少个兄弟姐妹？

共有 7 个兄弟姐妹：4 个兄弟 3 个姐妹。每个兄弟有 3 个兄弟和 3 个姐妹，每个姐妹有 4 个兄弟和 2 个姐妹。

几个孩子？

共有 7 个孩子：6 个儿子 1 个女儿。通常有人会回答说是 12 个孩子。但那样的话，就成了每个儿子有 6 个亲生姐妹，而不是只有 1 个亲生姐妹了。

早　餐

这道题解释起来非常简单。吃早餐的不是 4 个人，而是 3 个：爷爷、爷爷的儿子和爷爷的孙子。爷爷和他的儿子——2 个父亲，爷爷的儿子和爷爷的孙子——2 个儿子。

3/4 个 人

我们知道，队员的 3/4 再加上 3/4 个人构成了整个队伍。也就是说，这 3/4 个人不足以构成队员人数的 1/4。那么往下就容易思考了，整个队伍的人数是这 3/4 个人的 4 倍，这 3/4 个人乘上 4 倍，等于 3。所以，农田队里总共有 3 个人。

他们多大岁数?

计算他们每个人的岁数并不难。我们知道，老爷爷儿子的岁数是孙子岁数的 7 倍，而老爷爷的岁数是孙子岁数的 12 倍。如果孙子 1 岁，老爷爷的儿子就是 7 岁，老爷爷就是 12 岁，而岁数总和才 20 岁。这刚好跟实际的总和差 5 倍。也就是说，实际上孙子 5 岁，老爷爷的儿子 35 岁，老爷爷 60 岁。我们检验一下：5＋35＋60＝100。

谁的年龄大?

他们俩谁也没比谁大：他们是双胞胎，并且每个人现在都是 6 岁。

计算过程如下：再过 2 年儿子比他 2 年前大 4 岁，并且是之前年龄的 2 倍。也就是说，4 岁——是他 2 年前的年龄，那么，现在他应该是 4＋2＝6 岁。

女儿年龄的算法也是一样。

我儿子的年龄

不论哪一年，父亲与儿子的年龄差是不变的。在这个前提下，现在儿子的年龄是父亲的 1/3，即表示现在父亲与儿子的年龄差是现在儿子年龄的 2 倍。类似地，5 年前父亲与儿子的年龄差即为当年儿子的年龄的 3 倍。由于父子的年龄差是固定的，即表明现在儿子的年龄是 5 年前的 1.5 倍。

所以，现在儿子 15 岁，父亲 45 岁。事实上，5 年前父亲 40 岁，儿子 10 岁，也就是说，是父亲年龄的 1/4。

几 岁 了?

这个算术解法相当复杂,但是如果用代数解法列方程来解这道题却很简单。作为未知数,我们用字母 X 代替年龄。再过 3 年的年龄应该表示为 X+3,而 3 年之前的年龄——X-3。我们列出方程如下:

$$3(X+3)-3(X-3)=X$$

得到的解为 X=18。这个谜语爱好者的年龄为 18 岁。

我们检验一下:再过 3 年他将是 21 岁,3 年之前他是 15 岁。差值为:

$$3\times21-3\times15=63-45=18$$

也就是说,刚好是谜语爱好者现在的年龄。

计 算 工 龄

其中一个人的工龄是 8 年,另一个人的工龄 4 年。2 年前第一个人的工龄是 6 年,第二个人的工龄 2 年,也就是说,少 1/2(此题很容易用方程式解)。

每人玩几局?

通常大家会回答说,每人只玩一局。但是,3 个人玩,无论如何也不能每人只玩一局,那样的话第三个棋手和谁来玩呢?要知道在每一局里都应该有 2 个参与者。如果下棋者为 A、B、C,并且玩了 3 局,那么这就意味着是这种玩法

A 和 B

A 和 C

B 和 C

很容易看到,每人都不是玩一局,而是两局:

A 和 B 以及 C 玩了

B 和 A 以及 C 玩了

C 和 A 以及 B 玩了

所以，谜语的正确答案是：他们3个人中每人都玩了两局，尽管总局数为3局。

蜗　牛

经过了10个昼夜和1个白天。在前面的10个昼夜里蜗牛爬了10米，每个昼夜爬1米。在下一个白天里蜗牛爬了5米，这样就能到达树顶了。

去 农 庄

在下面的分析式中，这道题的解法就清晰了：

24千米上山和8千米下山——4小时30分钟，

8千米上山和24千米下山——2小时50分钟。

将第二个式子乘以3，我们得到：

24千米上山和72千米下山——8小时30分钟。

由此我们知道，72减去8，也就是说64千米下山，骑自行车需要用掉8小时30分钟减去4小时30分钟的时间，也就是需要4小时。那么，下山的时候他的速度是$64\div4=16$千米/小时。

用类似的方法我们可以得知，骑自行车上山的速度是6千米/小时。

两个小学生

通过1个苹果的转移能使两个小学生拥有的苹果数量相等这个条件，我们推理得到，一个小学生的苹果比另一个小学生多2个。如果从少的那一方拿出1个苹果添给多的那一方，那么差值又增加了2，也就是等于4。我们知道，那时多的那一方的苹果数量将是另一方的2倍。也就是说，少的那一方将是4，而多的那一方将是8。

在转移这一个苹果之前其中一个小学生的苹果数量是$8-1=7$，而另一个是$4+1=5$。

我们检验一下，数量是否平均，如果从多的那一方拿出一个给少的那一方：

$$7-1=6,5+1=6.$$

所以,一个小学生有 7 个苹果,另一个有 5 个苹果。

蜂 蜜 桶

如果我们这样去理解,那么这题解起来非常容易,这 21 个桶里共有 $10\frac{1}{2}$ 桶蜂蜜。

这就意味着每个合作社应该得到 $3\frac{1}{2}$ 桶蜂蜜和 7 个桶。

此题有两种解法。一种解法如下:

第一个合作社{3 个装满蜂蜜的桶
1 个装有一半蜂蜜的桶
3 个空桶} 总共 $3\frac{1}{2}$ 桶蜂蜜

第二个合作社{2 个装满蜂蜜的桶
3 个装有一半蜂蜜的桶
2 个空桶} 总共 $3\frac{1}{2}$ 桶蜂蜜

第三个合作社{2 个装满蜂蜜的桶
3 个装有一半蜂蜜的桶
2 个空桶} 总共 $3\frac{1}{2}$ 桶蜂蜜

另一种方法如下:

第一个合作社{3 个装满蜂蜜的桶
1 个装有一半蜂蜜的桶
3 个空桶} 总共 $3\frac{1}{2}$ 桶蜂蜜

第二个合作社{3 个装满蜂蜜的桶
1 个装有一半蜂蜜的桶
3 个空桶} 总共 $3\frac{1}{2}$ 桶蜂蜜

第三个合作社{1 个装满蜂蜜的桶
5 个装有一半蜂蜜的桶
1 个空桶}　　总共 $3\frac{1}{2}$ 桶蜂蜜

米沙的小猫

不难理解，$\frac{3}{4}$ 是他拥有小猫总数的 1/4。

也就是说，小猫的总数是 $\frac{3}{4}$ 的 4 倍，也就是说总数是 3。

袜子和手套

3 只袜子就足够了，因为其中两只的颜色肯定一致。手套就没那么简单了，因为手套不仅颜色有差别，而且一半是左手，一半是右手的。21 只手套就足够了。如果数量不够，比如说 20 只，那么就有可能发生这种情况，即这 20 只手套都是同一只手的(10 只棕色的左手手套的和 10 只黑色的左手手套)。

书　　虫

通常答案是这样，书虫嗑了 800＋800 页书再加上两页书皮。但事实并非如此。把两本书并排放：一本放左边，一本放右边。这时请看，在第一本书的第一页和第二本书的最后一页之间有多少页呢?

你可以确信，在它们之间什么都没有，除了两页书皮。

结论是，书虫嗑坏的只有书的封皮，并没有破坏书的里页。

蜘蛛和甲虫

要想解答这个问题，我们必须先了解一些相关知识，我们要知道，甲虫和蜘蛛各有多少条腿：甲虫有 6 条腿，蜘蛛有 8 条腿。

了解了这些之后，我们开始推测，在盒子里如果全部都是甲虫，数量是 8 只。那么腿的总数就是 $6\times8=48$ 条，比数出的结果少 8 条腿。现在我们尝试一下把一只甲虫替换成蜘蛛。这样的话腿的数量就增加了 2 条，因为蜘蛛不是有 6 条腿，而是 8 条。

我们清楚，如果我们把 3 只甲虫用蜘蛛替换，那么盒子里腿的总数就达到了所要求的 54 条了。但这时 8 只甲虫就变成了 5 只，而剩下的那些就将是蜘蛛。

所以，在盒子里有 5 只甲虫和 3 只蜘蛛。

我们检验一下：5 只甲虫有 30 条腿，3 只蜘蛛有 24 条腿，总共有 $30+24=54$ 条腿，这刚好符合题的要求。

也可以用另一种解法。是这样的：可以推测，在盒子里只有蜘蛛——8 只。这样的话，虫子腿的总数就是 $8\times8=64$，比题的要求多了 10 条。用一只甲虫来替换，我们看到腿的数量就减少了 2 条。应该做 5 只这样的替换才能达到题目要求的 54 条腿。换句话说，这 8 只蜘蛛应该只留下 3 只，而其余的都用甲虫替换。

7 个朋友

我们不难想到，这 7 个朋友只有在经过了能够被 2、3、4、5、6、7 整除的天数后才能够聚在一起。这些数的最小公倍数是 420。

结论是，所有的朋友聚在一起的情况 420 天才能有一次。

6. 你会数数吗？

你会数数吗？

这个问题对于3岁以上的人来说有点瞧不起人的意味：谁不会数数？发出1、2、3的声音，并不需要有什么独特的技巧。但是，我还是相信，对于这个简单的问题，你并不一定总是能够很好完成。在有些情况下，这完全取决于数数的方法。让你数一数抽屉里有多少个钉子这不难。可如果抽屉里放的不只是钉子，而是钉子和螺丝钉混合放，这时需要确定钉子和螺丝钉各有多少个，你该怎么数呢？把这一大堆的钉子和螺丝钉拿出来，然后逐一去数吗？

这类问题也是主妇所要面对的，比如当她数要洗多少件衣服时。通常她要先将要洗的衣服分类：衬衫放一堆，毛巾放一堆，枕巾放一堆等。这些琐碎的事常常令主妇们头痛不已。

瞧，这就叫不会数数！因为用这种方法来数混杂在一起的物品相当不便，而且很有可能数得不对。退一步说，要数出有多少件衣服或者多少个钉子，你把它们分开数还算比较容易。但是如果你是个林业工作者，你将不得不面对如下问题：树林里共有多少公顷松树？在这些松树林里有多少枞树？多少白桦？多少杨树？

把树木按类区分，分别来数显然是不可能的。那么你就先数松树，然后再单独去数枞树，然后白桦，然后杨树。也就是说，你必须绕着这块地数4次！

有没有什么方法能让这个问题简单点？当然有！而且这种方法很早以前就被林业工人所实际使用。让我们先以简单的数钉子和数螺丝钉为例来介绍这个方法。

用这种方法数盒子里有多少个钉子和多少个螺丝钉，并不需要把他们分类。我们用铅笔和纸张记录，画出如下的表格：

钉　子	螺丝钉

然后开始数。从盒子里取出一个东西，放在手里。如果是个钉子，你就在钉子那一栏画上一条。如果是个螺丝钉——就在螺丝钉那一栏画上一条，再取第二个东西，然后第三个，直到把整个抽屉取空。然后开始数线条，在钉子那一栏里，画了多少个线条就意味着有多少个钉子，而在螺丝钉那一栏里，有多少个线条就有多少个螺丝钉。用这种方法在纸上留下的只有线条。

如果把一个线条与另一个线条从不同方向连在一起，形成一个图形，如图 13，那么这种方式会大大加快计数速度。

(图 13)

这种形状的正方形便于成对分组，即在画完两个图形，共计 10 个线条之后，开始画新的图形，也是第 11 个线条，以此类推(图 14)。

(图 14)

数这样的线条就简单多了：你可以马上看出，3 对图形，每对两个，每个图形 5 个线条，5×6＝30，还有一个图形和另一个图形中的 3 个线条，最终计数结果为 30＋5＋3＝38。

我们也可以运用另一种形式的图形。例如，用图 15 的形式。每个图形代表 10 个单位。

(图 15)

采取我们推荐的计数方法,树林中各种树木计数如下:

松　树	
枞　树	
白　桦	
杨　树	

最终计数结果如图 16 所示。

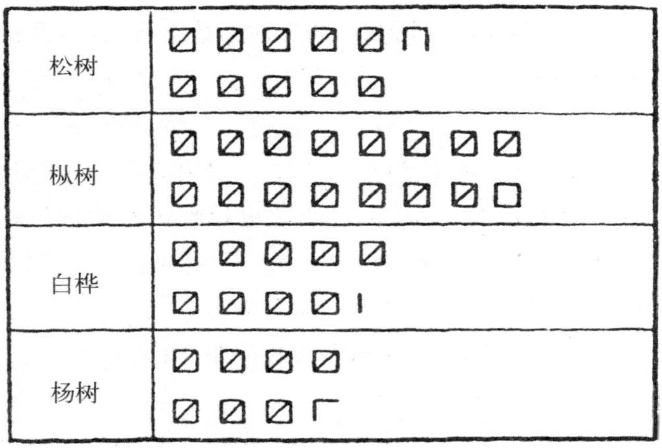

(图 16)

得到最终的结果非常容易:

松树……………………………………………53

枞树……………………………………………79

白桦……………………………………………46

杨树……………………………………………37

医务工作者也经常运用这种方法,在显微镜下测量采集血样中红血球和白血球的含量。

再例如,如果你必须在一块不大的草场上数出有哪些植物,并且各自有多少数量,那么现在你应该知道,怎样能够尽快完成这项工作了:事先在纸上写出需要查数的植物名称,为每一种植物列出表格。最好多列出几个空白栏,以备补充遗漏。接下来的操作就和之前的一样了。

为什么要数森林里的树木?

确实,为什么要数森林里的树木呢? 这对于城市居民来讲完全是一件无法理解的事情。在托尔斯泰的作品《安娜·卡列尼娜》中,农业专家列文问一个想要卖掉一块树林却又不太懂行情的亲戚:“你数过你有多少棵树了吗?”

“怎么数?”他吃惊地反问道。“这就好比数多少粒沙子、多少条光线,只有非常聪明的人才能做到啊!”

“聪明的梁宾宁(买家)就可以做到。如果你不数出树木数,没有一个人会买的。”

数森林里的树木是为了确定在森林里有多少立方米的木材。不需要数整片森林,只要数某一区域就可以了:1/4 或者半公顷。当然,所选区域中树木的密度、构成、厚度和高度应该符合这片森林的平均水平。要想成功地选择这样的计数区,需要经验丰富的专家。在数的过程中,不仅要数出每种树木的数量,有时还必须知道每种树木树干的粗度,如 25 厘米的、30 厘米的、35 厘米的等。所以在我们列举的那张明细表里,显示出来的数据就不是 4 栏,而是更多了。

你想象一下,如果在数树木时,你不采取我们推荐的方法,那么你将要往返森林多少次呢?!

由此可见,如果说数数简单、容易,那只是当你数一种东西的时候。如果多种东西混杂在一起,就要采取一些特殊的计数方法,也就是我们推荐给大家的方法。现在大家对这个方法的快捷性、简易性不会怀疑了吧?!

7. 速　算

本章集中介绍了一些易于掌握的口算速算方法。这些方法对于读者来说非常有益。成功地掌握这些方法不应该仅仅依靠机械记忆，而是应该理解这些方法背后的原理。与此同时，还要进行大量的练习。掌握了这些方法，读者就能在心中准确地进行口算速算，非常方便。

单值乘法

1. 为了完成口算单值乘法例如，27×8，不能像笔算那样从个位开始乘。我们现在使用另一种方式：首先从十位乘起（20×8=160），然后个位（7×8=56），之后把两结果累计相加（160+56=216）。

再举几个例子：

$$34\times7=30\times7+4\times7=210+28=238$$
$$47\times6=40\times6+7\times6=240+42=282$$

2. 背出 19×9 的乘法表格是很有益的：

×	**2**	**3**	**4**	**5**	**6**	**7**	**8**	**9**
11	22	33	44	55	66	77	88	99
12	24	36	48	60	72	84	96	108
13	26	39	52	65	78	91	104	117
14	28	42	56	70	84	98	112	126
15	30	45	60	75	90	105	120	135

（续 表）

16	32	48	64	80	96	112	128	144
17	34	51	68	85	102	119	136	153
18	36	54	72	90	108	126	144	162
19	38	57	76	95	114	133	152	171

背下来这个表格就可以在头脑中口算乘法了，例如：

$$147\times8=140\times8+7\times8=1\,120+56=1\,176$$

3. 当碰到乘数可以分解成单值乘数的情况时，将其分解计算会很方便。例如：

$$225\times6=225\times2\times3=450\times3=1\,350$$

乘数为两位数的乘法

4. 为了把乘数为两位数的乘法利用口算简单完成，需要把它转化成刚刚学过的单值乘法。

当被乘数是个位数时，在心中将它转换为乘数，即将乘数与被乘数互换位置，这样完成起来就像我们在例 1 中展示的一样。例如：

$$6\times28=28\times6=120+48=168$$

5. 如果两个乘数都是两位数的，那么在头脑中要将其中一个乘数划分成十位和个位。例如：

$$29\times12=29\times10+29\times2=290+58=348$$

$$41\times16=41\times10+41\times6=410+246=656$$

或者

$$41\times16=16\times41=16\times40+16=640+16=656$$

可以看到，这种方法比较方便，因为可以成功地将它们化成比较小的数目。

6. 如果被乘数或者乘数在头脑中很容易拆分成单值（例如 $14=2\times7$），那么就运用这种方法，即使得其中一个乘数缩小，另一个乘数扩大相应的倍数（和例 3 类似）。例如：

$$45\times14=90\times7=630$$

关于 4 和 8 的乘法和除法

7. 为了口算乘数为 4 的乘法，我们把它折合成 2 次的 2 倍去做。例如：

$$112\times4=224\times2=448$$

$$335\times4=670\times2=1\,340$$

8. 为了口算乘数为 8 的乘法，我们把它折合成 3 次的 2 倍去做。例如：

$$217\times8=434\times4=868\times2=1\,736$$

另一种口算乘数为 8 的乘法是，在被乘数后边添一个 0，然后减去被乘数的 2 倍，也就是说乘以的是(10－2)：

$$217\times8=2\,170-434=1\,736$$

还有更简便的方法：

$$217\times8=200\times8+17\times8=1\,600+136=1\,736$$

9. 为了口算除数为 4 的除法，我们把它折合成 2 次的一半去做。例如：

$$76\div4=38\div2=19$$

$$234\div4=118\div2=59$$

10. 为了口算除数为 8 的除法，我们把它折合成 3 次的一半去做。例如：

$$464\div8=232\div4=226\div2=58$$

$$516\div8=258\div4=129\div2=64\frac{1}{2}$$

乘数为 5 和 25 的乘法

11. 为了口算乘数为 5 的乘法，我们用乘以$\frac{10}{2}$的方法去做，也就是说在被乘数后边添一个 0，然后折合成一半。例如：

$$74\times5=740\div2=370$$

$$243\times5=2\,430\div2=1\,215$$

在以 5 为乘数的乘法中如果被乘数是偶数，那么把它先折合成一半，然后在结果后面添一个 0。例如：

$$74\times5=\frac{74}{2}\times10=370$$

12. 为了口算乘数为 25 的乘法，我们用乘以$\frac{100}{4}$的方法去做，也就是说如果被乘数是 4 的倍数，那么就除以 4，然后在结果后面添两个 0。例如：

$$72\times25=\frac{72}{4}\times100=1\,800$$

如果被乘数除以 4 后有余数，那么按照如下方式加上相应的数

余数为 1 时，加 25
余数为 2 时，加 50
余数为 3 时，加 75

这种方法是基于：$100\div4=25$；$200\div4=50$；$300\div4=75$。

乘数为 $1\frac{1}{2}$，$1\frac{1}{4}$，$2\frac{1}{2}$和$\frac{3}{4}$的乘法

13. 口算以 $1\frac{1}{2}$ 为乘数的乘法，只需要给被乘数增加自身的一半。例如：

$$34\times1\frac{1}{2}=34+17=51$$

$$23\times1\frac{1}{2}=23+11\frac{1}{2}=34\frac{1}{2}$$

14. 口算以 $1\frac{1}{4}$ 为乘数的乘法，只需要给被乘数增加自身的四分之一。例如：

$$48\times1\frac{1}{4}=48+12=60$$

$$58\times1\frac{1}{4}=58+14\frac{1}{2}=72\frac{1}{2}$$

15. 口算以 $2\frac{1}{2}$ 为乘数的乘法，只需要给被乘数扩大 2 倍，然后加上自身的一半。例如：

$$18\times2\frac{1}{2}=36+9=45$$

$$39\times2\frac{1}{2}=78+19\frac{1}{2}=97\frac{1}{2}$$

另一种方法就是让被乘数乘以 5，然后除以 2：

$$18\times2\frac{1}{2}=90\div2=45$$

16. 口算乘数为 $\frac{3}{4}$ 的乘法，也就是找到这个数的 $\frac{3}{4}$，就是要乘以 $1\frac{1}{2}$，然后除以 2。例如：

$$30\times\frac{3}{4}=\frac{30+15}{2}=22\frac{1}{2}$$

乘数为 15，125 和 75 的乘法

17. 乘数为 15 的乘法需要替换成乘数为 10 和 $1\frac{1}{2}$，因为 $10\times1\frac{1}{2}=15$。例如：

$$18\times15=18\times1\frac{1}{2}\times10=270$$

$$45\times15=450+225=675$$

18. 乘数为 125 的乘法需要替换成乘数为 100 和 $1\frac{1}{4}$，因为 $100\times1\frac{1}{4}=125$。例如：

$$26\times125=26\times100\times1\frac{1}{4}=2\,600+650=3\,250$$

$$47\times125=47\times100\times1\frac{1}{4}=4\,700+\frac{4\,700}{4}=4\,700+1\,175=5\,875$$

19. 乘数为 75 的乘法需要替换成乘数为 100 和$\frac{3}{4}$,因为 $100\times\frac{3}{4}=75$。例如:

$$18\times75=18\times100\times\frac{3}{4}=1\,800\times\frac{3}{4}=\frac{1\,800+900}{2}=1\,350$$

注意,有一些举出的例子用例 6 的方法完成也很方便:

$$18\times15=90\times3=270$$

$$26\times125=130\times25=3\,250$$

乘数为 9 和 11 的乘法

20. 口算乘数为 9 的乘法,需要在乘数后面添一个 0,然后减去被乘数。例如:

$$62\times9=620-62=600-42=558$$

$$73\times9=730-73=700-43=657$$

21. 口算乘数为 11 的乘法,需要在乘数后面添一个 0,然后加上被乘数。例如:

$$87\times11=870+87=957$$

除数为 5,$1\frac{1}{2}$和 15 的除法

22. 口算除数为 5 的除法,只需要用被乘数的 2 倍除以 10。例如:

$$68\div5=136\div10=13.6$$

$$237\div5=474\div10=47.4$$

23. 口算除数为 $1\frac{1}{2}$的除法,只需要用被乘数的 2 倍除以 3。例如:

$$36\div1\frac{1}{2}=72\div3=24$$

$$53\div1\frac{1}{2}=106\div3=35\frac{1}{3}$$

24. 口算除数为 15 的除法，只需要用被乘数的 2 倍除以 30。例如：

$$240\div15=480\div30=48\div3=16$$

$$462\div15=924\div30=30\frac{24}{30}=30\frac{4}{5}=308$$

或者

$$924\div30=308\div10=30.8$$

平方倍数的增长

25. 给尾数是 5 的数字增加平方倍数，需要用其十位数字（若是三位或三位以上，则是十位及其以上的数字）去乘以该十位数字加 1，并且再在末尾添写上 25。例如：

25^2；$2\times3=6$　　　　结果为 625

45^2；$4\times5=20$　　　　结果为 2 025

145^2；$14\times15=210$　　　　结果为 21 025

该方法是基于下面的方程式：

$$(10x+5)^2=100x^2+100x+25=100x(x+1)+25$$

26. 现在我们运用上述方程式来做以 5 结尾的分数题：

$8.5^2=72.25$

$14.5^2=210.25$

$0.35^2=0.1225$

……

27. 因为 $0.5=\frac{1}{2}$，$0.25=\frac{1}{4}$，所以例 25 的方法也可以用来求以 $\frac{1}{2}$ 结尾的数的平方倍数：

$\left(81\frac{1}{2}\right)^2=72\frac{1}{4}$

$\left(14\frac{1}{2}\right)^2=210\frac{1}{4}$

……

28. 在口算平方倍数时运用如下的方程也很方便：

$$(\alpha\pm\beta)^2=\alpha^2+\beta^2\pm2\alpha\beta$$

例如：

$$41^2=40^2+1+2\times40=1\,601+80=1\,681$$

$$69^2=70^2+1-2\times70=4\,901-140=4\,761$$

$$36^2=(35+1)^2=1\,225+1+2\times35=1\,296$$

这种方法对于尾数为 1、4、6 和 9 的题目很适用。

平方差公式的计算

$(\alpha+\beta)(\alpha-\beta)=\alpha^2-\beta^2$

29. 口算完成 52×48。我们在头脑中想象这个乘法为(50+2)(50−2)，并且运用已经背熟的平方差公式：

$$(50+2)(50-2)=50^2-2^2=2\,496$$

两数之和乘以两数之差的这种方法应用非常普遍：

$$69\times71=(70-1)(70+1)=4\,899$$

$$33\times27=(30+3)(30-3)=891$$

$$53\times57=(55-2)(55+2)=3\,021$$

$$84\times86=(85-1)(85+1)=7\,224$$

30. 现在我们用此方法做下面的题：

$$1\frac{1}{2}\times6\frac{1}{2}=\left(7+\frac{1}{2}\right)\times\left(7-\frac{1}{2}\right)=48\frac{3}{4}$$

$$11\frac{3}{4}\times12\frac{1}{4}=\left(12-\frac{1}{4}\right)\times\left(12+\frac{1}{4}\right)=143\frac{15}{16}$$

最好记住

37×3=111

记住这个就能很轻松地完成 37 乘以 6、9、12 等的口算。

37×6=37×3×2=222

37×9=37×3×3=333

37×12=37×3×4=444

37×15=37×3×5=555 等。

还应记住：

7×11×13=1 001

记住这个就能很轻松地完成如下的口算：

77×13=1 001

77×26=2 002

77×39=3 003 等；

91×11=1 001

91×22=2 002

91×33=3 003 等；

143×7=1 001

143×14=2 002

143×21=3 003 等。

这一章提供了最简单、最方便的乘除以及平方的口算方法。善于思考的读者还可以通过实践联系，深入思考一系列类似的口算方法。

8. 魔　方

最小的魔方

魔方是既古老又现代的一种数学娱乐游戏。图中的这种数学问题在于寻找一种排列方式，使得每行和每列的数字和两个对角线上的数字依次加起来的总和相等。

最小的魔方是 9 个格的；很容易用实验证实，魔方在每行和每列中不可能存在 4 个方格。如下是一个魔方的样板：

4	3	8
9	5	1
2	7	6

（图 17）

我们把这个魔方的数字依次相加 4＋3＋8，或者 2＋7＋6，或者 3＋5＋7，或者 4＋5＋6，或者任意一排的 3 个连续的数字相加，我们在任何情况下都能得到同一个总和 15。可以预见到这个魔方上自身的数字总和。魔方的 3 行——上、中、下——9 个数字相加，得到总和

$$1+2+3+4+5+6+7+8+9=45$$

另一方面，这个总和，很显然，都是每一行总和的 3 倍。由此，每一行的总和都是：

$$45 \div 3 = 15$$

用类似的模板可以确定任意一个魔方的行和列的数字总和。

6	1	8
7	5	3
2	9	4

(图 18)

8	3	4
1	5	9
6	7	2

(图 19)

旋转和反射

组成一个魔方之后，很容易得到它的变体，也就是说找到新的魔方排列。例如，如果我们组成如图 18 所示的魔方，那么，我们在头脑中把它逆时针转动 1/4 周(转 90°)，我们就得到了另一个魔方(图 19)。

再接着旋转——180°(半周)和 270°(3/4 周)，最初的魔方又出现了两种变体。

每一个重新获得的魔方也都是一个可以发生旋转和反射的新魔方。

如果想象它是在镜子中被反射着。如图 20 显示的是最初的魔方和它从镜子反射的一种变体。

6	1	8
7	5	3
2	9	4

2	9	4
7	5	3
6	1	8

(图 20)

9 个格子做所有的旋转和反射，我们得到它的变体如下(图 21)。

这是由 1—9 组成的所有魔方的完整的一套变体。

6	1	8
7	5	3
2	9	4

1

8	1	6
3	5	7
4	9	2

2

2	7	6
9	5	1
4	3	8

3

6	7	2
1	5	9
8	3	4

4

4	9	2
3	5	7
8	1	6

5

2	9	4
7	5	3
6	1	8

6

8	3	4
1	5	9
6	7	2

7

4	8	8
9	5	1
2	7	6

8

(图 21)

巴沙的解题方法

让我们来了解一个古老的排列奇数魔方的方法，也就是说由任意奇数构成的魔方：3×3(3 行 3 列)，5×5(5 行 5 列)，7×7(7 行 7 列)等。这个方法于 17 世纪由法国数学家巴沙提出。因为巴沙的方法很有益于解答 9 格魔方(3×3)的问题，所以为方便起见，就从最简单的例子开始描述巴沙的解题方法。现在，我们按照巴沙的解题方法来解答 9 格魔方问题。

画出方格，划分好 9 个格子，我们按顺序将数字 1—9 写进 3 个斜排里面(如图 22)。

那些在框架外的数字，我们把它们写进各自对面的格子里。结果我们就得到这样的魔方(如图 23)。

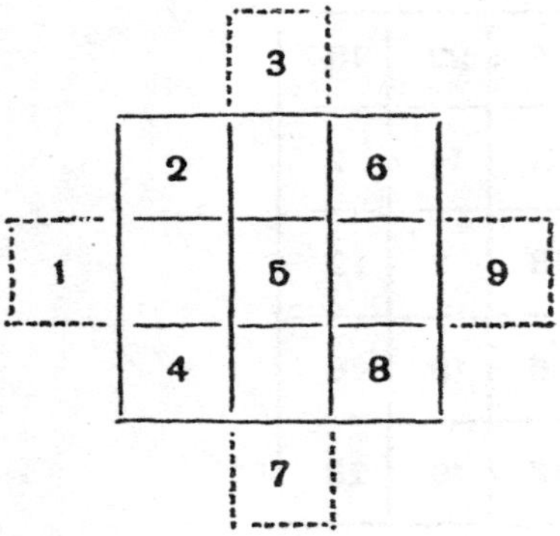

(图 22)

2	7	6
9	5	1
4	3	8

(图 23)

类似地，我们来写 1 个 5×5 的魔方。首先，我们将数字 1—25 写进 5 个斜排里面(如图 24)：

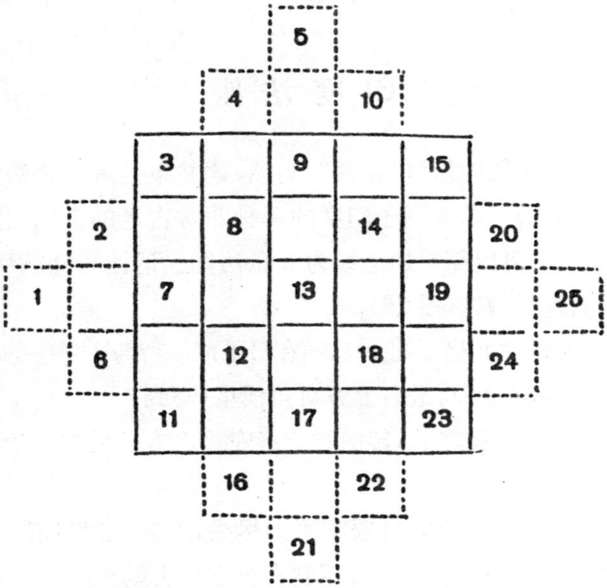

(图 24)

然后，仍旧是把框架外的数字，写进各自对面紧邻的格子里(如图 25)。这样，我们就得到了 1 个 25 格的魔方。

3	16	9	22	15
20	8	21	14	2
7	25	13	1	19
24	12	5	18	6
11	4	17	10	23

(图 25)

这是一种看似简单的方法,其背后的原理却相当复杂。读者可以用实践去验证该方法的正确性。

组成一个 25 格的魔方之后,你可以通过旋转和反射获得它的变体。

印度法则

巴沙的解题方法,可以叫做"梯田法",当然,这并不是解答奇数魔方问题的唯一方法。大家普遍认为,公元前发明于印度的一种非常古老的方法,相比其他方法,还是比较简单易行的。它可以简单地总结为 6 条法则。请注意阅读所有的法则,然后用 49 格的魔方为例进行测试(图 26)。

1. 在最上面一行的中间格子写上 1,而在最下面一行与 1 对应的格子右边写上 2。

2. 接下来的数字按顺序写进右上方对角线里(写到 4)。

3. 写到右边方格的尽头之后,转向对应最左边上方最近的一个格子继续写上数字 5。

4. 接着往右上方对角线依次写数字写到尽头,然后顺时针转动,在下边距离最近的一个格子里写上数字 8。注意:每写到右上方尽头就转向左下方写。

5. 写到最顶端把格子占满之后,数字 10 就转向直对着的最下边的格子。

6. 如果最后填的格子在魔方的最下边一行,就转向它上边的那行格子里。

遵循这个原则,可以快速组成带有任意奇数的魔方。

如果一个魔方的格子的总数不能被 3 整除,那么可以不按照法则 1 开始构建魔

30	39	48	1	10	19	28
38	47	7	9	18	27	29
46	6	8	17	26	35	37
5	14	16	25	34	36	45
13	15	24	33	42	44	4
21	23	32	41	43	3	12
22	31	40	49	2	11	20

(图 26)

方，而是按照其他法则构建。

将个位数字写进任意一排对角线的格子里，这个对角线指的是从最左边那一排的中间格子开始到最上方那一排的中间格子。然后再按照法则 2—5 去填写其他数字。

这就为按照印度法则构建多种魔方提供了可能性。例如 49 格的魔方（图 27）。

32	41	43	3	12	21	23
40	49	2	11	20	22	31
48	1	10	19	28	30	39
7	9	18	27	29	38	47
8	17	26	35	37	46	6
16	25	34	36	45	5	14
24	33	42	44	4	13	15

(图 27)

练习：请按印度法则构建 25 格和 49 格的魔方。从得到的魔方中通过旋转和反射再构建几个魔方。

带有偶数的魔方

构建带有偶数的魔方还没有找到通用且方便的法则。相比之下简单的方法只存在于那些被 16 除完没有余数的偶数魔方中，这些魔方的格子数量是 4 的倍数，也就是说它们的每一面由 4，8，12……个格子组成。

我们约定，把这些格子叫做互相“相对”。如图 28 展示了两对相对的格子：一对用叉表示，另一对用圆圈表示。

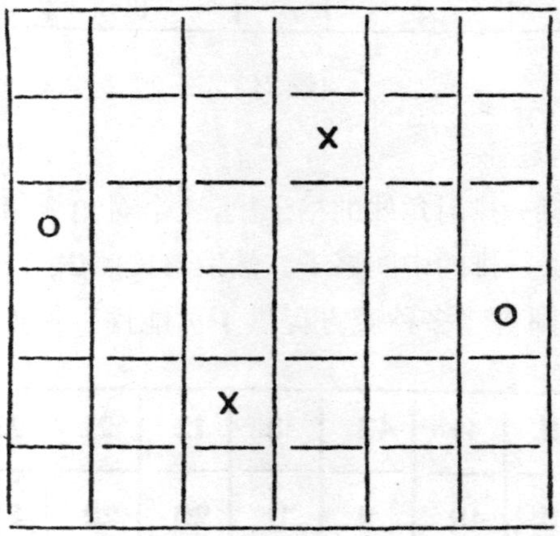

（图 28）

我们发现，如果一个格子位于从上数第二行从左数第四个位置上，那么与它相对的格子就位于从下数第二行从右数第四个位置上。（读者最好再练习找出几对相对的格子。）我们观察到，从对角线上取的格子，与它相对的格子也在这条对角线上。

我们用由 8×8 个格子构建的魔方，来讲解这类魔方的构建方法。把 1—64 按顺序依次写进格子里（如图 29）。

在得到的魔方里，对角线上的数字之和都相等——260，刚好是 8×8 个格子魔方应该得到的总和。（请检测一下这个结论！）

但是这个魔方的行和列的总和不同。上数第一行总和是 36，也就是说比要求的

1	2	3	4	5	6	7	8
9	10	11	12	13	14	15	16
17	18	19	20	21	22	23	24
25	26	27	28	29	30	31	32
33	34	35	36	37	38	39	40
41	42	43	44	45	46	47	48
49	50	51	52	53	54	55	56
57	58	59	60	61	62	63	64

(图 29)

少 224(260－36);第八行,最下面的那行,总和是 484,也就是说比要求的多 224(484－260)。我们发现,第八行的每一个数字都比第一行与它对应的数字大 56。我们得出结论,如果上数第一行里一半的数字与它对应的第八行里的数字互换,那么这两行的数字总和就相等了。例如,数字 1、2、3、4 与数字 57、58、59、60 互换。

上述的第一行和第八行的情况也同样适用于第二行和第七行、第三行和第六行,适用于每一对等距离的对应行。在所有行里进行数字互换,我们能得到带有行相等性质的魔方。

但是,列必须也给出相同的总和。在起初排列数字时我们通过那种数字的互换能达到如此的效果。但是现在,在行里互换完之后,问题就变得复杂了。为了快速找到数字,易于互换,有如下可以运用的方法:在行和列中互换那些互相相对的数字(所谓相对的数字,我们在前面已经解释过了)。当然,这个法则还是不够的,因为我们构建的不应该是互换所有数列,而只是其中的一半。同时,剩下的数字留在原来的位置上。相对的数字组合中的哪些数字需要互换呢?

下边的 4 条规则能回答这个问题:

1. 魔方应该划分成 4 个小魔方,像图 32 那样划分开。

2. 在左上方的小魔方里用叉标记所有数字的一半,这样在这个小魔方的每一行和每一列的格子里都平均被标记了一半的数字。这可以用不同的方法来做——例

1x	2	3	4x	5x	6	7	8x
9x	10x	11	12	13	14	15x	16x
17	18x	19x	20	21	22x	23x	24
25	26	27x	28x	29x	30x	31	32
33	34	35	36	37	38	39	40
41	42	43	44	45	46	47	48
49	50	51	52	53	54	55	56
57	58	59	60	61	62	63	64

(图 30)

如，像图 32 上半部分所展示的。

3. 在右上方的小魔方里用叉标记所有数字的一半，具体的标记方法是使得它们和左上方的小魔方对称。

4. 现在让这些被标记的数字和它们的相对的数字互换位置。

这样，我们就得到了一个由 64 个格子构建的魔方(如图 31)。

64	2	3	61	60	6	7	57
56	55	11	12	13	14	50	59
17	47	46	20	21	43	42	24
25	26	38	37	36	35	31	32
33	34	30	29	28	27	39	40
41	23	22	44	45	19	18	48
16	15	51	52	53	54	10	9
8	58	59	5	4	62	63	1

(图 31)

我们也可以用很多其他方法标记左上方的魔方(如图 32)。

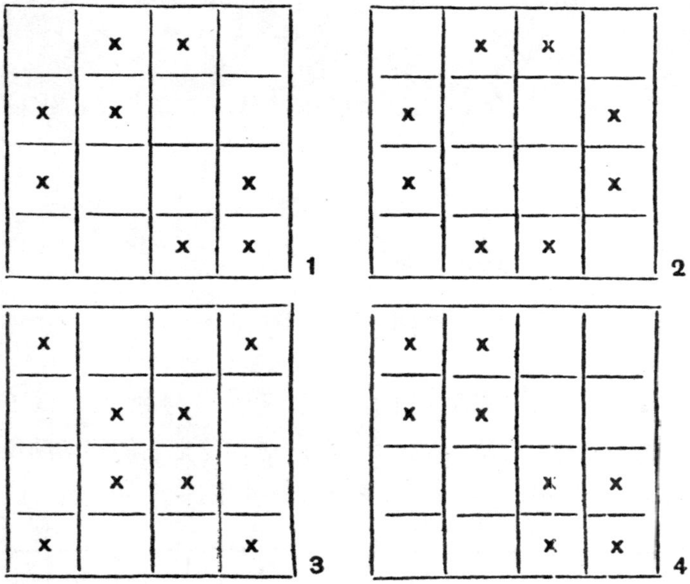

(图 32)

这种方法可以构建 12×12,16×16 等形式的魔方。

我们建议读者自己动手试试。

魔方名字的由来

第一次提到魔方是在一本古老的东方书里,大约在公元前 4000—公元前 5000 年前出现。较深入地认识到魔方是在古老的印度。对魔方——一种充满神秘性的数字组合——持续的着迷使它传到了阿拉伯。

在中世纪的西欧,魔方是伪科学的代表,包含在炼丹术和占星术里。由于迷信,这些数字格子在数学里被赋予了不寻常的名称——魔方,也就是说魔术化的。占星术者和炼丹术者相信,那种画着魔方的小木块能够帮助消除人的苦难,因此时常有人把它当做护身符带在身边。

9. 算术小游戏

“15 子棋”游戏

15 个棋子按照一定顺序被放在小盒子里，只是 14 号和 15 号棋子被调换了位置（如图 33、图 34）。问题就在于，依次移动棋子，怎样能把它们移动到规定的位置？当然，这一定意味着 14 号和 15 号棋子的顺序要被修正。

1	2	3	4
5	6	7	8
9	10	11	12
13	14	15	

标准棋子排列（位置Ⅰ）

（图 33）

1	2	3	4
5	6	7	8
9	10	11	12
13	15	14	

无解的情况（位置Ⅱ）

（图 34）

* * *

下面我们简单给读者介绍一下这个游戏的原理。总体来看这个游戏十分复杂，它与高等代数中的内容紧密相连。这里，我们仅讲解几个由阿连斯提出的解决方案。

重复一下题目，不难理解，就是通过依次移动，得到空位置，把棋子移动到规定的位置，也就是说把棋子最终摆放成这个顺序：在左上角里是 1，它右边是 2，然后是 3，接着在右上角是 4。接下来从左到右依次是 5、6、7、8 等。结果应如图 33 所示。

现在设想一下 15 个棋子被混合杂乱无序地摆放。经过一系列的移动总是可以把 1 号棋子移动到它应该处在的位置上。

可以明确的是，这是可能的，不移动 1 号棋子，把 2 号棋子向右移动到它旁边的位置上。然后，不移动 1 号和 2 号棋子，把 3 号和 4 号棋子移动到规定的位置上。如果它们意外地没在最近的两个垂直的排列上，那么很容易把它们移动到这个区域，然后经过一系列的移动最终可以得到理想的结果。现在上面的一行 1、2、3、4 被排列好了，然后在接下来的操作中我们不再移动这一行了。我们以同样的方式努力把第二行也排列好：5、6、7、8；我们确信，这总是可以做到的。再往下，连续的两行我们要把 9 和 13 按规定排列好；这也总是可以完成的。由这些的移动我们排列好 1、2、3、4、5、6、7、8、9 和 13，在接下来的操作中我们对它们不再有任何移动；剩下的不大的一块区域里有 6 个位置，里面只有一个空位置，而其余 5 个位置被 10、11、12、14、15 随意无序地占满了。在这 6 个位置的区域里，总是可以把 10、11、12 移动到规定的位置里。当这些被完成以后，在接下来的最后的排列里，14 号和 15 号棋子要么是按顺序排列着，要么就是被颠倒着顺序（如图 34）那样排列着。由此，读者们很容易检验，我们得到了如下的结果。

任何初始的位置都可以像图 33 的位置Ⅰ那样排列或者像图 34 的位置Ⅱ那样排列。

如果用字母 S 表示的某个排列可以变成位置Ⅰ，那么，很显然，可以反过来把位置Ⅰ变成位置 S。要知道，所有的棋子的移动都可以反过来进行。如果，例如，在位置Ⅰ中我们把 12 号棋子放在空位置上，那么这一步在当时就可以移动回到它对面。

所以，我们有两个排列系列，一个系列是排列成位置Ⅰ的方式，另一个——位置Ⅱ。而且，反过来，第一系列的任意位置都可以由规定的位置获得，而第二系列的任意位置都可以从位置Ⅱ的排列获得。最终，两种任意的排列，属于同一种系列，可以相互之间转换。

可不可以接着往下移动，把Ⅰ和Ⅱ结合起来？可以确切地证实（我们不具体解释），这些位置不能从一个变成另一个。所以，所有棋子都按两种位置排列：1）按位置Ⅰ排列，这种可解；2）按照位置Ⅱ排列，这是提供丰厚奖金的那种游戏。

如何判断给出的排列属于第一种还是第二种呢？我们举例讲解一下。

1	2	3	4
5	6	7	9
8	10	14	12
13	11	15	

（图 35）

我们来看图 35 的排列方式。

第一行按顺序排列着，第二行顺序也正常，除了结尾的数字用 9 替换了 8。也就是说，9 号棋子站在了 8 号棋子前面。这种比正常顺序超前的排列被称为“无序”。我们说说 9 号棋子：这就是一个无序棋子。我们看看接下来的棋子排列，我们发现 14 号棋子也超前了，14 号棋子超前了 3 个位置(棋子 12、13、11)。这里出现了 3 个无序(14 超前了 12，14 超前了 13，14 超前了 11)。总共我们数出了 1+3=4 个无序。接下来，12 号棋子超前了 11 号棋子，13 号棋子也超前了 11 号棋子。这就又多出来了 2 个无序。所以总共有 6 个无序。

类似的排列方式会使每一种排列都出现一个无序总数，事先把最右下角的那个位置空出来。如果这个无序总数，就像我们现在看的这个例子里的是个偶数，那么这种排列最终就可以做到按顺序排列。换句话说，它是可解的。如果无序总数是个奇数，那么这种排列就属于第二种系列，也就是说它是无解的(0 属于偶数)。

我们现在来看看这部分的谜题吧。

第 一 题

从图 34 的排列出发，请把棋子按正确顺序排列，但是要将左上方的角落位置空出来(如图 36)。

	1	2	3
4	5	6	7
8	9	10	11
12	13	14	15

(图 36)

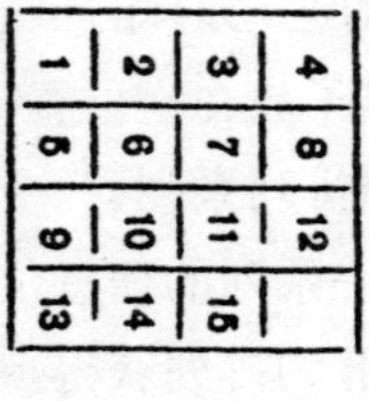

(图 37)

第 二 题

从图 34 的排列出发，请把图向右翻转 1/4 周，并把它们的顺序排列成如图 37 所示的位置。

第 三 题

按照游戏规则移动棋子，把盒子变成魔方，也就是使棋子排列成所有方向上的数字和都等于 30 的情况。

"数字 11"游戏

有 2 个人玩这个游戏。在桌子上放上 11 根火柴(或者是果核等东西)。第一个人从中取 1 根、2 根或者 3 根火柴,他想取几根就取几根。然后第二个人也取 1 根、2 根或者 3 根,按照自己的意愿去取。之后第一个人再次取火柴,还是像刚才那样继续下去,每次不能超过 3 根。谁取了最后一根火柴,谁就输了比赛。

你觉得应该怎么玩,才能有把握赢?

"数字 15"游戏

这可不是玩移动小盒子里的棋子顺序的"15 子棋"游戏。这是另一种性质的游戏,并且更像是众所周知的 0 和 1 的游戏。两个人按顺序玩。第一个人把从 1—9 的任意一个数字写入如下图画着的格子栅栏的一个格子里。

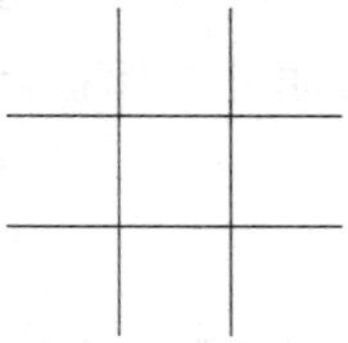

第二个人写另一个数字。他选择格子的原则是这样的:不能让第一个人按照顺序写下一个数字使得这排的数字和等于 15(横排、竖排或者对角线都不可以)。谁在完成自己那一步时使得这排的数字和为 15,或者是谁最后填完了整个格栅的最后一个格子,谁就是赢家。

你想一想,有没有方法一定能够赢下这个比赛?

"数字 32"游戏

两个人玩此游戏。桌上放 32 根火柴。起先开始游戏的人取 1 根、2 根、3 根或者 4 根火柴。接着另一个人按照自己的意愿取火柴,但是不能多于 4 根。然后第一个人再次取火柴仍不能多于 4 根。按这种方式进行下去。谁先取完最后一根火柴谁就赢。

游戏非常简单。但是它有趣的地方在于谁先开始游戏谁就总是能赢，只要他正确地计算出自己应该取多少根火柴。

你能不能指出，他应该怎么玩才能赢得这个比赛呢？

正 相 反

“数字 32”游戏可以有变形：先取完最后一根的人不算赢，而是刚好相反，算他输了。

现在应该怎么玩才能赢这个比赛呢？

“数字 27”游戏

这个游戏和上边的有点类似，也是在两个人之间进行，并且也是按顺序取不多于 4 根火柴。但是游戏的结尾不一样，游戏的最后谁的火柴数是偶数谁就赢。这样的话先开始游戏的人就有优势，因为他可以计算自己的每一步来赢得比赛。这场游戏不会输的秘密究竟是什么呢？

另一种玩法

上一题同样可以反过来玩：游戏的最后谁的火柴数是奇数谁就赢。

这场游戏不会输的秘密究竟是什么呢？

算术小游戏

这个游戏可以有好几个参与者。读者应该为这个游戏准备如下物品：

1）游戏题板（用纸板做）；

2）方料（用木头做）；

3）每个游戏者的一些筹码。

把题板裁剪成方形,最好规格大一些,在方形的题板上打上 10×10 个小方格。在小方格里按顺序从 1 写到 100(如图 38)。

方料可以锯成 1 厘米高的小骰子,棱面要用砂纸打磨平滑。在小骰子上分别把数字 1—6 标到各面。

筹码可以用各种颜色的小圆片、小格子或者任意别的东西来充当。

游戏这样进行:每个参与者分好筹码,按顺序扔骰子,谁扔出来 6 点,谁就可以开始沿着题板上的小方格前进,并把一个筹码放在 6 号格子上。然后他接着扔骰子,骰子上显示几点他就可以把筹码向前移动几格。有的小方格里面画着箭头,遇到这样的小方格,筹码就应该沿着箭头——有时是前进,有时则是后退。

谁先走到第 100 个小方格,谁就赢。

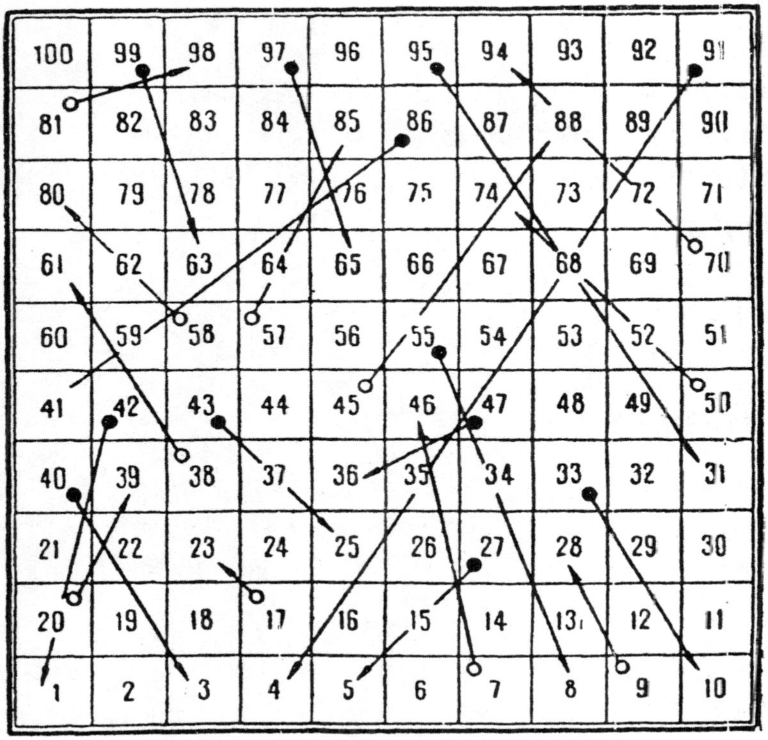

(图 38)

猜　数

请你仔细完成下面每一步的计算，我会猜到你计算的结果。

如果结果是另外一个，那么请你检验你自己的计算，并且相信我，是你出错了，而不是我哦。

No. 1

10 以下
（0 除外）
把它乘以 3
在得到的结果
上加上 2
把得到的结果乘以 3
在所得结果上加上你想的那个数
勾掉总数的第一个数字
把剩下的数加上 2
结果除以 4
在结果上加上 19

你 现在得到的数字是 21

No. 2

10 以下
（0 除外）
把它乘以 5
结果扩大 2 倍
在所得结果上加上 14
把结果减去 8

将所得结果的一个数字去掉
剩下的数除以 3
在结果上加上 10

你 现在得到的数字是 12

No. 3

10 以下
(0 除外)
加上 29
把结果的最后一个数字去掉
剩下的数乘以 10
在结果上加上 4
将结果乘以 3
在最终结果里减去 2

你 现在得到的数字是 100

No. 4

10 以下
(0 除外)
将它乘以 5
把结果扩大 2 倍
从结果里减去你想的那个数字
将所得差之中的每一位数字相加
在所得的结果上加上 2
把结果进行乘方

从结果中减去 10
将差值除以 3

你 现在得到的数字是 37

No. 5

10 以下
（0 除外）
把它乘以 25
加上 3
把结果乘以 4
勾掉结果的第一个数字
将得数进行乘方
将所得结果的每一位数字相加
把得数加上 7

你 现在得到的数字是 16

No. 6

两位数
加上 7
将结果减去 110
把差值加上 15
再加上你想的那个数
结果除以 2
从结果里减去 9
差值乘以 3

你
现在得到的数字是
150

No. 7

小于 100

加上 12

从总数里减去 130

在差值上加上 5

把结果加上你想的那个数

将结果减去 120

差值乘以 7

减去 1

剩下的数除以 2

结果加上 30

你
现在得到的数字是
40

No. 8

任意一个数

(0 除外)

把它乘以 2

所得结果加上 1

将结果乘以 5

只保留所得结果的最后一位

所得的数字乘以它本身

将所得结果的每一位数字相加

你 现在得到的数字是 7

No. 9

小于 100

加上 20

结果用 170 减

从所得里减去 6

在差值里加上你想的那个数字

将得到的结果的每一位数字相加

结果乘以它本身

从总数里减去 1

得数除以 2

加上 8

你 现在得到的数字是 48

No. 10

3 位数

从左往右写出这 3 位数

将这个数除以 7

把所得结果再除以你想的那个数

得数除以 11

将得数扩大 2 倍

将所得结果的各位数字相加

你 现在得到的数字是 8

让我们猜猜看

我来和读者一起玩猜猜看的游戏：你想一个数字，我来猜猜。你拿着这本书坐在离我很远的地方，而我仍然能猜到你头脑中想的是哪个数字！

咱们开始吧。

请你任意想一个数字。请不要把“数字”和“数”弄混：数字只有10个，从0—9，而数则有无数多。所以，请你想出一个数字。想好了吗？把它乘以5。别算错哦，否则我们什么结论都得不到。

把它乘以5了吗？好了。那么，再把结果乘以2。做好了吗？加上7。现在，把你得到的那个数的第一个数字去掉，只留下最后的数字。把剩下的数字加上4，减去3，加上9。

你都按我要求的做好了吗？好的，那我现在要对你说你现在得到的数是多少了哦。

你现在得到的数是17。

难道不是吗？还想不想再玩一次？那就来吧！

你想好数字了吗？把它扩大3倍。然后再把得到的结果扩大3倍。现在，在你得到的这个数上加上你所想的那个数字。

做好了吗？在结果上加上5。只保留你现在得到的这个数的最后一位，其余的都勾掉。勾掉了没有？加上7，减去3，加上6。

说说吧，你现在脑子里的数是多少？

我说你现在得到的数是15。

猜中了吧？如果我没猜中，那一定是你算错了。必定是你在哪步计算中出了错。

还想试第三次吗？那就继续吧。

想好数字了吗？把它扩大2倍。把所得结果继续扩大2倍。再次把得数扩大2倍。加上你想的那个数字。再一次加上你想的那个数字。加上8。勾掉所有的数字，除了最后一位数字。从结果里减去 3，然后加上 7。

你得到的数是 12。

每一次都被我猜中了吧！我是怎样猜到的呢？这里究竟有何奥秘呢？

想出 3 位数

请你想一个 3 位数。别把它让我看到。把第一位数扩大 2 倍，同时暂时先把剩下的数字扔掉。在得到的结果上加上 5，把所得结果乘以 5，加上你想的那个数的第二位数，并把所得结果乘以 10，再在所得结果上加上你暗想的那个数的第三位数，然后告诉我你现在得到的是多少。我马上就能说出你暗想的那个数是多少。

举例说明：你想的数是 387。

请你按照下面的步骤操作。

把第一位数扩大 2 倍：$3\times2=6$

在得到的结果上加上 5：$6+5=11$

把所得结果乘以 5：$11\times5=55$

加上你想的那个数的第二位数：$55+8=63$

把所得结果乘以 10：$63\times10=630$

再在所得结果上加上你想的那个数的第三位数：$630+7=637$

只要你告诉我 637，我就能说出来你想的那个数。

我是怎么猜到的呢？

数 字 魔 术

请你想一个数。

加上 1。

乘以 3。

再加上 1。

加上你想的那个数。

你得到了多少？

当你把最终结果告诉我，我减去 4，再除以 4，我就可以得到你想的那个数了。

举例说明：你想的数是 12。

加上 1——得到 13。

乘以 3——得到 39。

再加上 1——得 40。

加上你想的那个数：40＋12＝52。

当你说出 52 的时候，我把它减去 4，剩 48，再除以 4，得到 12，也就是你想的那个数了。

我是怎么猜到的呢？

如何猜出被勾掉的数字？

请你的同学任意想一个多位数，并按下面的步骤操作：

写下想的那个数。

把数的顺序打乱。

用较大的数减去较小的数。

勾掉差值中的一个数字（非 0 数字）。

只要你的同学告诉你剩下的数字，它们是按任意顺序排列的，那么你就可以告诉他那个被他勾掉的数字。

举例说明：同学想到的数是 3 857。

他按照下面的步骤操作：

3 857，

8 735，

8 735－3 857＝4 878。

把数字 7 勾掉，同学告诉你剩下的数字，例如：8、4、8。

根据这些数字你就可以确定被勾掉的数字哦！

你是怎么猜到的呢？

猜　生　日

让你的同学在纸上写出自己的出生日期，并按照下面的步骤操作：

把写下的数乘以 2。
把结果乘以 10。
加上 73。
乘以 5。
最终加上出生的月份。
你的同学把最终结果告诉你，你就可以说出他的生日的月份和日期。
举例说明：你的同学的生日是 8 月 17 日。他按照下面的步骤操作：
17×2=34，
34×10=340，
340+73=413，
413×5=2 065，
2 065+8=2 073。
你的同学告诉你这个数是 2 073，然后你就可以说出他的生日的月份和日期。
你是怎么猜到的呢？

猜 年 龄

如果你让对方按下列步骤操作，那么你就可以猜出他的年龄：
写出两个数字，这两个数字的差值要大于 1。
在它们中间再任意写出第三个数字。
把这个 3 位数颠倒顺序写出来。
用这两个三位数做差。
把差值和差值的逆序形成的新数相加。
在结果上加上自己的年龄。
对方把最终结果告诉你，你就可以说出他的年龄。
举例说明：对方 23 岁。他按照下面的步骤操作：
25，
275，
572，
572−275=297，

297＋792＝1 089，

1 089＋23＝1 112。

交谈者告诉你这个数是 1 112，你就可以确定他的年龄。

你是怎么猜到的呢？

猜家庭成员

如果你的同学按照下面的步骤操作，你就可以猜出他有几个兄弟和姐妹：

把兄弟的数量加上 3。

结果乘以 5。

把得数加上 20。

总数乘以 2。

在姐妹的数量上加上该结果。

在结果中加上 5。

你的同学把最终结果告诉你，你就可以说出他的兄弟姐妹的数量。

举例说明：你的同学有 4 个兄弟和 7 个姐妹。

他按照下面的步骤操作：

4＋3＝7，

7×5＝35，

35＋20＝55，

55×2＝110，

110＋7＝117，

117＋5＝122。

你的同学告诉你这个数是 122，你就可以确定他有几个兄弟和姐妹。你是怎么猜到的呢？

惊人的记忆

有时魔术师会以惊人的记忆震撼观众，比如记住长串的单词、数等。你们中的每一个人也都可以用类似的魔术技法使你们的朋友惊讶不已。你应该按照如下的方法来完成。

在纸上画出 50 个小卡片，并如下图所示填上数和字母。

A 24 020	B 36 030	C 48 040	D 510 050	E 612 060
A1 34 212	B1 46 223	C1 58 234	D1 610 245	E1 712 256
A2 44 404	B2 56 416	C2 68 428	D2 7 104 310	E2 3 124 412
A3 54 616	B3 66 609	C3 786 112	D3 8 106 215	E3 9 126 318
A4 64 828	B4 768 112	C4 888 016	D4 9 108 120	E4 10 128 224
A5 750 310	B5 870 215	C5 990 120	D5 10 110 025	E5 11 130 130
A6 852 412	B6 972 318	C6 1 092 224	D6 11 112 130	E6 12 132 036
A7 954 514	B7 1 074 421	C7 1 194 328	D7 12 114 235	E7 13 134 142
A8 1 056 616	B8 1 176 524	C8 1 296 432	D8 13 116 340	E8 14 136 248
A9 1 158 718	B9 1 278 627	C9 1 398 536	D9 14 118 445	E9 15 138 354

在每一张小卡片里用同样的方式写上一长串的数，而在左上角标上英文字母或者和顺序号。把这些小卡片分给你的朋友，并向他们保证说，你可以清楚地记得每张小卡片上的数。他们给你点出卡片上序号，你就可以脱口说出卡片上写着什么数。比如，他们给你点出卡片“E4”，那么你就会马上说出：10 128 224。

因为数很长，所以很少有人能够正确说出所有卡片中的数，那么你的这项绝技当然就技惊四座，令人啧啧称奇。更神奇的是，你事先根本没有完全背下来这 50 串长数。这里面的奥秘是什么呢?

神秘的骰子

准备几个纸质的骰子(比如4个),并且把它们的每一面用数字标明,然后摆放成如图39所示的情况。运用这些骰子你就可以给你的伙伴们变有趣的算术魔术了。

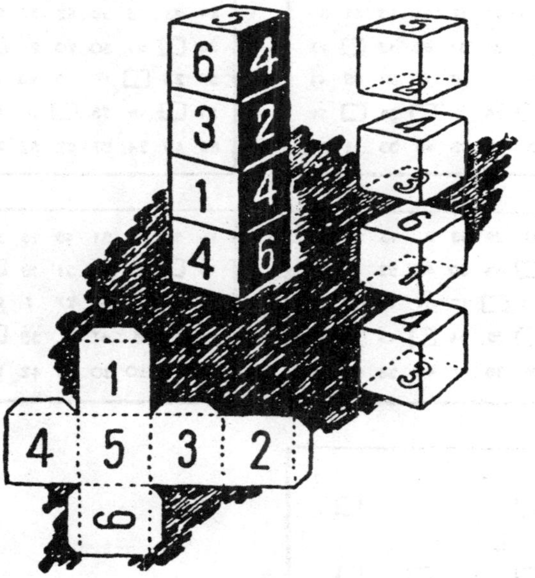

(图39)

请你的朋友在你不在场的时候把其中一个骰子随意调换位置。然后你走进房间,当你第一眼看见那个被调换了的骰子之后,马上就可以确定这4个骰子被盖上面的数字之和是多少。以我们图上画的情况为例,你可以说出数字和是23。很容易证实,你的答案是正确的。

魔幻卡片

准备7个如图40所示的小卡片。按照图示的方式写上数,剪出小孔。一张小卡片留成空白的，在里面也按照图示裁剪出小孔。

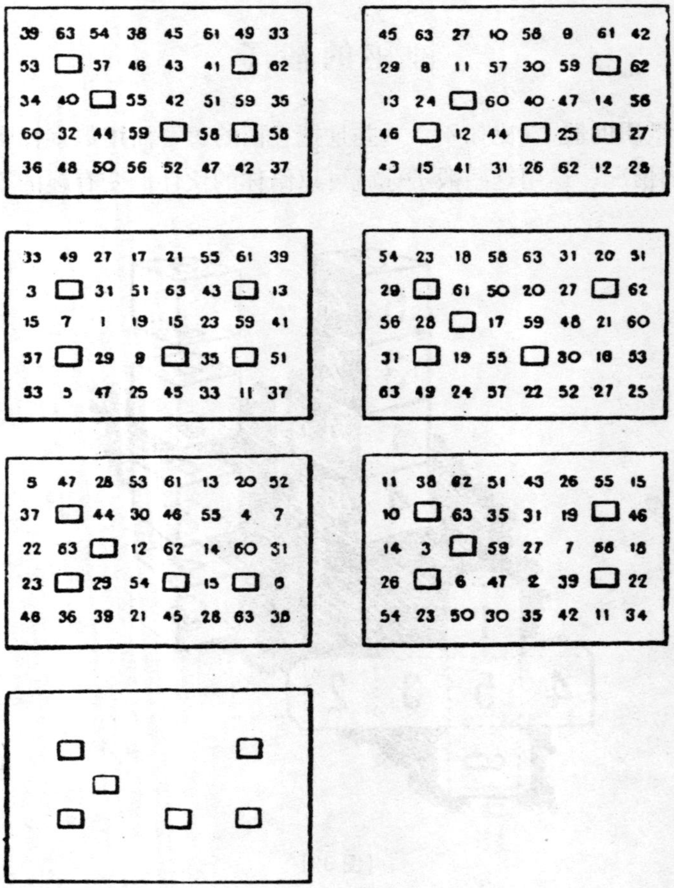

（图 40）

照着小卡片抄写数，一定要非常仔细，准确无误。

当把这些准备工作做完，把这 6 个带有数的小卡片交给你的朋友，并请他暗自记下每张小卡片上的任意一个数。然后让他把这些带有他暗想的数的小卡片还给你。

拿到小卡片之后，你把它们仔细地排起来，把那张没有数的小卡片盖在上面，在头脑中记住那些从小孔里看到的数。那些数就是他暗想的。

你自己未必能解开这个魔术的秘密。这个魔术基于确定这一整套的数，而这一整套的数的基础是相当奥妙的。这里我不准备给你解释这一整套的数的原理。在我的另一本书《趣味计算》中，我用更专业的数学方面的知识为读者解释了这个魔术以及介绍了它有趣的变形体。

没写出来的数是多少？

你需要猜测只写出了一个数的 3 个数的总和。魔术这样进行：请你的朋友写出任意一个多位数。

比如他写出 84 706，然后，留出第二个加数和第三个加数的位置，你先写出这 3 个数的总和：

第一个加数……………………………	84 706
第二个加数……………………………	
第三个加数……………………………	
总和	184 705

做完这些之后，你的朋友写进去第二个加数（这个加数应该由第一个加数里的一些数字构成），然后你自己写进去第三个加数：

第一个加数	84 706
第二个加数	30 485
第三个加数	69 514
总和	184 705

很容易检验，总和是正确的。

这个魔术的秘密是什么呢？

答　　案

"15 子棋"游戏

第　一　题

此题按照如下的 44 步排列：

14,11,12,8,7,6,10,12,8,7,
4,3,6,4,7,14,11,15,13,9,
12,8,4,10,8,4,14,11,15,13,
9,12,4,8,5,4,8,9,13,14,
10,6,2,1。

第　二　题

此题按照如下的 39 步排列：

14,15,10,6,7,11,15,10,13,9,
5,1,2,3,4,8,12,15,10,13,
9,5,1,2,3,4,8,12,15,14,
13,9,5,1,2,3,4,8,12。

第　三　题

此题按照如下的排列可以得到所求的魔方：

12,8,4,3,2,6,10,9,13,15,
14,12,8,4,7,10,9,14,12,8,
4,7,10,9,6,4,2,3,10,9,6,
14,3,2,1,13,14,3,12,15,3。

“数字 11”游戏

如果你先取，那么你应该取 2 根火柴，剩下 9 根。在你之后的第二个游戏者无论取多少根，你下一步应该在桌上保留 5 根。很容易明白，你是一定能够做到这一步的。而无论你的对手从这 5 根里取几根，你都可以在他之后的一步里给他剩下一根火柴而赢了他。

如果不是你先开始，那么你的输赢就取决于你的对手知不知道这个不会输的秘密了。

“数字 15”游戏

想要赢这个比赛，毫无疑问应该从 5 开始。在哪个格子里写呢？我们来分 3 种情况看看。

1. 把 5 写进中间的格子里。无论你的对手选择哪一个格子，你都可以赢他。$15-5-x$，x 是对方写下的。$15-5-x$，也就是 $10-x$，当然比 9 小。

		x
	5	
$10-x$		

（小图 1）

2. 把 5 写进一个角的格子里。你的对手要么选择 x 格子，要么选择 y 格子。如果他写 x，那么你就写 $y=10-x$。如果他写 y，那么你就写 $x=10-y$。这两种方法你都能赢。

5		
		x
	y	

（小图 2）

3. 把 5 写进中间一排两边的格子里。你的对手可以占据 x、y、z、t 中的任意一个。

如果他写 x，那么你就写 $y=10-z$。如果他写 y，那么你就写 $x=10-y$。如果他写 z，那么你就写 $t=10-z$。如果他写 t，那么你就写 $z=15-t$。这就是所有你能赢的情况了。

	x	z
5		
	y	t

(小图 3)

“数字 32”游戏

如果尝试倒着玩这个游戏，就会很容易找到这个游戏不败的秘密。不难看出，如果你给你的对手剩 5 根火柴，那么你准赢。你的对手不能取多于 4 根火柴，所以你一定能够取完他剩的所有火柴。但是怎么做才能出现 5 根火柴的局面呢？你必须在上一步给你的对手剩 10 根火柴。那时无论他取几根火柴，他都会给你剩不少于 6 根火柴，所以你就总是能够给他剩 5 根火柴。再往前推理，怎么做才能使你的对手给你剩 10 根火柴呢？那么上一步一定在桌上剩 15 根火柴。

这样，按 5 去计算，我们知道，再往上一步是剩 20 根火柴，而再往上——25 根火柴，最后，第一次——30 根火柴，也就是说，最初要拿走 2 根火柴。

所以，这个获胜的秘密就是：开始取 2 根，然后无论你的对手取几根火柴，都应该使桌上剩 25 根火柴，下一次剩 20 根火柴。然后剩 10 根火柴，最后剩 5 根火柴。这样，永远是你取走最后一根火柴。

正 相 反

如果游戏条件相反，那么你就应该在你的倒数第二步剩 6 根火柴给你的对手。这样，无论你的对手取几根火柴，你都可以把最后一根火柴剩给他。为了达到这种效果，在上一步应该剩 11 根火柴，再上几步——16、21、26、31 根火柴。

所以，你开始只取 1 根火柴，而之后剩给你的对手 26、21、16、11 和 6 根火柴，最后一根火柴你的对手就摆脱不掉了。

“数字 27”游戏

这里揭示的获胜秘诀比“数字 32”游戏的要稍微难一点。

这源于如下两个推理：

1. 如果在游戏结束之前你有奇数根火柴，那么你应该给你的对手剩 5 根火柴才能赢。实际上，下一步里你的对手给你剩 4 根、3 根、2 根或者 1 根火柴。如果是 4 根火柴——取 3 根就赢了。如果是 3 根火柴——全部取完就赢了。如果是 2 根火柴——取 1 根就赢了。

2. 如果在游戏结束之前你有偶数根火柴，那么你应该给你的对手剩下 6 根或者 7 根火柴才能赢。如果你的对手取完下一步给你剩 6 根火柴，你取 1 根，那么现在就剩奇数根火柴了，给你的对手剩 5 根火柴，那么显然他就输了。如果他给你剩的不是 6 根火柴，而是 5 根火柴，你取 4 根就赢了。如果给你剩 4 根火柴，你把它们全部取完就赢了。如果给你剩 3 根火柴，那么你取 2 根就赢了。如果最后他给你剩 2 根火柴，那么你显然就赢了。

现在我们很容易找出获胜的方法了。方法就在于，如果你手里有奇数根火柴，那么给你的对手剩的火柴数应该是比 6 的倍数少 1 的数，也就是说 5、11、17、23。如果你手里有偶数根火柴，那么你给你的对手剩的火柴数应该是 6 的倍数，或者是比 6 的倍数多 1 的数，也就是说 6 或者 7、12 或者 13、18 或者 19、24 或者 25。这里，0 可以看成是偶数。所以在游戏开始的时候你应该从 27 根火柴里取 2 根或者 3 根火柴，之后的步骤如上所述。

这样你就战无不胜了。别告诉你的对手游戏的秘密哦。

另一种玩法

如果游戏的条件反过来，那么你就该按照下面的步骤操作：如果你手里有偶数根火柴，那么给你的对手剩的火柴数应该是比 6 的倍数少 1 的数。如果你手里有奇数根火柴，那么你给你的对手剩的火柴数应该是 6 的倍数或者比 6 的倍数多 1 的数。所以在开始游戏的时候第一步你应该取 4 根火柴，剩 23 根火柴。

猜　数

No. 1　如果想的数是 a，那么算式如下：

$$(3a+2)\times 3+a=10a+6$$

得到的结果是双重指向的，第一个数就是想的数，第二个数是 6。

勾掉第一个数，想的数就显示出来了。

再往下你自己就明白了。

No. 2、No. 3、No. 5 和 No. 8 是上述方法的变体。

No. 4、No6、No. 7 和 No. 9 的方法与上述方法不同。

例如，No. 9 的算式如下：

$$170-(a+20)-6+a=144$$

再往下你自己就明白了。

No. 10 的方法是特殊的。把同一个三位数写到想的三位数的右边——也就是把这个三位数乘以 1 001（例如，356×1 001＝356 356），而 1 001＝7×11×13。因此，如果想的三位数是 a，那么算式如下：

$$\frac{a\times 1\,001}{7\times a\times 11}=13$$

再往下你自己就明白了。

让我们猜猜看

想要弄清楚这道题，你们需要观察我操作这些数字的步骤。

在第一个例子里你首先把数字乘以了 5，然后把所得的数乘以了 2，也就是，你把数字乘以了 2×5，也就是乘以了 10。然而任何数字乘以 10 的结果都只需要在其本身后面加一个 0。了解了这些之后，我又让你加上了 7。现在我知道了，你头脑中的数是由两个数字组成的：第一个数字我不知道，但是第二个我却知道——7。我不知道的第一个数字我请你勾掉了。现在你头脑中的数字是几？当然是7。我已经可以告诉你这个数字了，但是我狡猾，我打乱步骤，我让你在这个数字上来来回回地加上又减去各种数，而我自己却默默记下了这个数字。最后，我向你宣布你心里暗想的那个数字是几。

第二个例子我走的就是另外一个路线了，也许，你早就猜到了秘密在哪里了。我先让你把数字扩大3倍，然后得到的结果再乘以3，然后把得数加上了你暗想的那个数字。你最终得到的数应该是什么？很容易想到，把你暗想的数字乘以了3×3+1，也就是把你暗想的数字乘以了10。我又知道了，你得到的数结尾是0。那么再往下就和刚才的一样：随便加上什么数，勾掉第一个不清楚的数字，而剩下的我知道的数字中就可以找到我所需要的数字了。

第三个例子。这题也一样，其实按步骤操作后就相当于把你暗想的数字乘以2×2×2+1+1，也就是把你暗想的数字乘以10。剩下的步骤都一样。

现在你猜数字的功夫不比我差了。你和你的朋友一起玩玩这个游戏吧。也许，你能想到一些属于自己的独特的解答方法。

想出三位数

我们还是需要观察操作每一个数字的步骤。第一个数字乘以2，然后又乘以5，接着又乘以10，也就是总共乘以2×5×10，或者说乘以100。第二个数字乘以10，然后加上了第三个数字。除此之外，整个过程加上了5×5×10，也就是250。

也就是说，如果从得数中减去250，那么就得到：乘以100的第一个数字，加上乘以10的第二个数字，再加上第三个数字。简单说，所得的数刚好就是你所暗想的数。

由此可以看出猜数字的方法：从计算的结果中减去250，就得到了答案。

数字魔术

如果你注意观察算式，那么你会很容易发现，结果是你暗想的那个数的4倍加上4。也就是说，如果减去4再除以4，那么就得到了你暗想的那个数。

如何猜出被勾掉的数字?

知道被9除的特征的人,就会知道任何一个数的数字和除以9之后的余数就是答案。由相同数字构成的排列顺序不同的两个数,除以9之后应该得到同样的余数。也就是说,如果用一个数减去另一个数,那么这个差值应该可以被9整除。

基于上述原理,你知道你的朋友得到了一个差值,这个差值的数字和是9的倍数。得到的数字是8、4、8,和是20,那么勾掉的数字显然就是7。

猜 生 日

要想知道所求的月份和日期,需要从结果中减去365,那么最后的两位数字就指示着月份,前面的两位数字就指示着日期。在例子中:

$$2\,073-365=1\,708$$

根据数字17-08我们可以确定月份和日期:8月17日。为什么这样做,我们来解释一下。用K代表日期,用N代表月份。我们按要求列算式。

得到$(2K\times10+73)\times5+N=100K+N+365$。我们知道减去365,就得到了日期$K$和月份$N$。

猜 年 龄

列几次算式之后,你就会轻松地发现,年龄总是加上了同一个数字——1 089。所以,如果减去1 089,那么就是你要的答案了。

猜家庭成员

为了确定家庭成员,需要在得数中减去75。在我们的例子里

$$122-75=47$$

差值的第一个数字指示着兄弟的数量,第二个数字——姐妹的数量。

实际上，如果兄弟的数量是 a，姐妹的数量是 b，那么算式就是这样：

$$[(a+3)\times(5+20)]\times2+b+5=10a+b+75$$

并且应该得到 a 和 b。

这个魔术只可以在姐妹的数量不超过 9 个的情况下操作。

惊人的记忆

首先你应该记住 A 代表 20，B - 30，C - 40，D - 50，E - 60。所以字母和数写在一起就代表了某个数。例如，A1 - 21，C3 - 43，E5 - 65。

据此，你按照固定的规则去组成那些写在小卡片上的长串的数。我们举例子说明如何操作。

比如 E4，也就是说 64。对这个数我们进行如下操作：

第一步，把它的两个数字相加。

$$6+4=10$$

第二步，把它乘以 2。

$$64\times2=128$$

第三步，用大数减去小数。

$$6-4=2$$

第四步，把两个数字相乘。

$$6\times4=24$$

把这几步的所得结果依次写出。

10 128 224

这就是写在小卡片上的数。操作的步骤我们可以简化为：

+，2，−，×，

也就是相加，2 倍，相减，相乘。

再举个例子。

小卡片上是 D3。

那上边写着什么数呢？

D3＝53

5＋3＝8

53×2＝106

5－3＝2

5×3＝15

数为 8 106 215

小卡片上是 B8。

那上边写着什么数呢？

B8＝38

3＋8＝11

38×2＝76

8－3＝5

8×3＝24

数为 1 176 524

为了不使记忆加重负担，你可以说出你得到的数，或者在黑板上用粉笔慢慢地写出它们。

不容易猜到你使用的巧妙办法，因此这个魔术经常使观众困惑不解。

神秘的骰子

把每个骰子的每一个面上的数字依次展开：这样摆放它们，每个骰子的相对的两面的数字和在任何情况下都为 7(图 39)。所以 4 个骰子的上下的两面的点数和为 7×4＝28。用 28 减去上面的那个骰子的上面的数字，你就可以准确地找到答案了。

没写出来的数是多少？

如果把一个五位数加上 99 999，也就是 100 000－1，那么这个数前面就出现了 1，而最后一个数字就比原来小 1。这个魔术就是根据这个原理。我们把第一个加数

加上 99 999

$$84\ 706+99\ 999$$

你写出 3 个加数的总和：184 705。你现在只需要记住第二个加数和第三个加数之和是 99 999。为了这个在写出第三个加数的时候，你在头脑中用 9 减去第二个加数的每一个数字。在我们举的例子中第二个加数是 30 485；因此你写出 69 514。因为

$$\begin{array}{r} 30\ 485 \\ +69\ 514 \\ \hline 99\ 999 \end{array}$$

所以提前被写出的结果是准确的。

10. 一 笔 画 成

加里宁格勒的桥

有一天，一个奇特的问题吸引了天才数学家艾列拉的注意，他是这样描述这道题的：

“在加里宁格勒有一个岛，叫做尼普格罗夫。河水分成两个支流，在这条河上架有 7 座桥：a、b、c、d、e、f、g（图 41）。

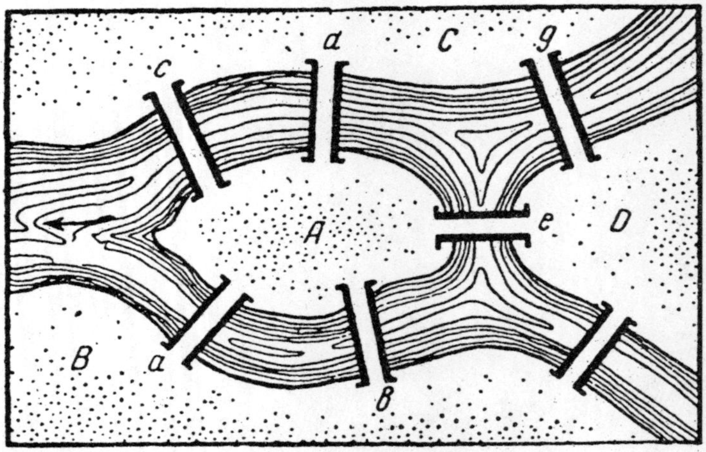

（图 41）

你能不重复地走完所有这些桥吗？有些人说能。有些人说不能。”

读者朋友，你的意见如何？

什么是拓扑学？

艾列拉花费大量的时间和精力来研究这道题。这项研究从如下具体问题开始：

“除了在古时就注重仔细研究测量值和测量方法的几何学领域，科学家列博尼茨第一次提到另一个学科领域——《几何位置》。这个几何学新领域只研究图形各部分之间相对的位置排列，并不关注位置的大小。在现代，高等几何学把该领域称为《拓扑学》。拓扑学在数学中得到了广泛发展。这一章后面的部分我们将简单介绍《拓扑学》。

不久前我偶然听到一个关于几何位置的题，我决定在此将它用作例子来讲解被我发现的解决此题的方法。”

艾列拉指的就是加里宁格勒的桥这道题。

我们在此不会详细介绍这个伟大的数学家的推论，我们只想简单地说说此题的最终结论。结论就是，题目的要求是不可能完成的。

题 目 分 析

为了直观分析，我们用简化的示意图来替代河水支流的位置（图 42）。在此题中岛屿的大小以及桥的长度没有任何意义。我们知道，所有拓扑学问题的特点就是：它们并不关注图形的具体大小。

我们在示意图上用对应名称的点来替代地点 A、B、C、D（图 41）。现在的问题就简化为是否能够一笔画成如我们绘制的图 42 的图形。其中，笔不能离开纸面，并且也不能在一个线条上勾画 2 次。

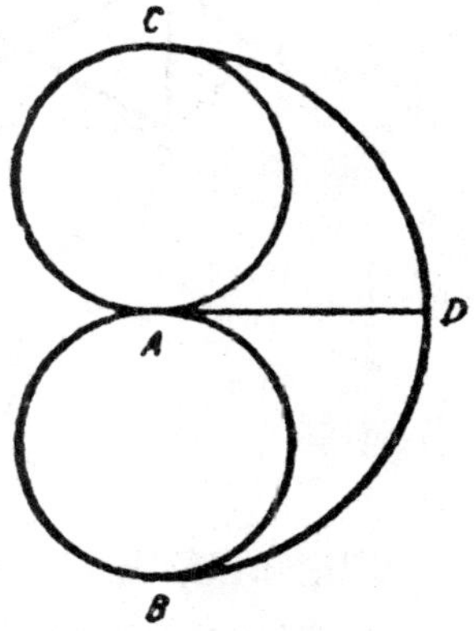

（图 42）

对于图 42，我们用一笔画成是不可能的。事实上，穿过 A、B、C、D 结点中的每一个都需要沿着其中一条路线走，然后离开这个点沿着另一条路线走。始末两点构成了结论：不离开第二个点，无论从哪里也不会进入到第一个点里。因此一笔画成这个图形是不可能的。不可能按照要求的方式绕过加里宁格勒的桥。

7 道 题

想办法用一笔画成下面的 7 个图形中的每一个图形。请记住要求：画出图形的所有线条，笔不能离开纸面，不能画出多余的线条，并且也不能在一个线条上勾画两次。

理 论 简 介

尝试一笔画成图形 1—7(图 43)会得到不同的结果。一类图形无论你从哪个点开始都能一笔画成。另一类只有在从确定的一点开始时才有可能一笔画成。最后，第三类完全不可能一笔画成。造成这种差异的原因是什么呢？是否存在一些特征，能够预示出该图形可以一笔画成，并且如果可以的话，应该从哪一点开始画图呢？

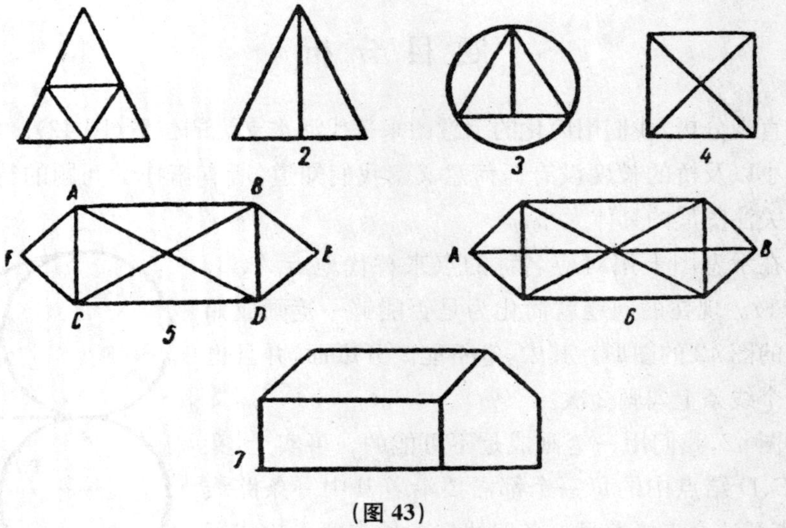

(图 43)

理论知识给出了这些问题的答案，我们现在简单介绍一些该理论的情况。

我们约定把那些有偶数线条的图形的点叫做“偶数”点，以此区别于那些有奇数线条的图形的“奇数”点。

可以证实，无论图形是什么样的，或者完全没有奇数点，或者有 2 个、4 个、6 个奇数点——都是偶数。

如果图形里没有奇数点，那么它就可以一笔画成，无论从哪一点开始画图都可以。这样的图形是 1 和 5(图 43)。

如果图形里仅有一对奇数点，那么从奇数点中的任意一个点开始画图都可以一笔画成该图形。很容易想出，画图应该以另一个奇数点结束。这样的图形是 2、3、6。例如，在第 6 个图形中，可以从点 A 开始画图，也可从点 B 开始画图。

如果图形里有多于一对奇数点，那么它不能一笔画成。这样的图形是 4 和 7，它们包含两对奇数点。

上述知识已经足够说明哪些图形不能一笔画成，哪些图形能一笔画成，同样也说明该从哪一点开始画图。阿连斯教授建议掌握下面的规则："图形中所有的已经被画的线条都应该认为是没有的，并且如果这个线条也是从图纸中取出的，那么在选择有顺序的线条的时候应该遵循保留图形的完整性原则(不要进行任何拆分)。"

例如第 5 个图形，其画图路线应该是：$ABCD$。如果现在连接线条 DA，那么就不能画出 ACF 和 BDE 这两个图形，它们之间没有联系(图形 5 被拆分了)。所以我们画完 ACF 这个图形就不能转到 BDE 这个图形，因为没有连接它们的线条。所以走完路线 $ABCD$，不能沿着线条 DA 继续走，而应该开始画路线 $DBED$，然后沿着线条 DA 转到 AFC 这个图形。

还有 7 道题

一笔画成下列图形：

8

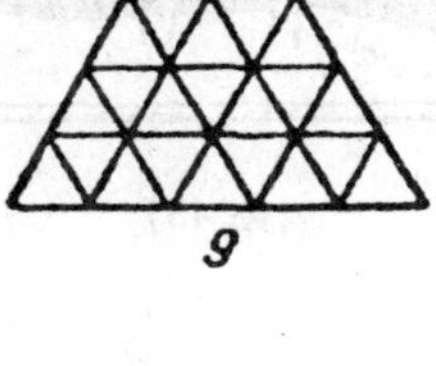
9

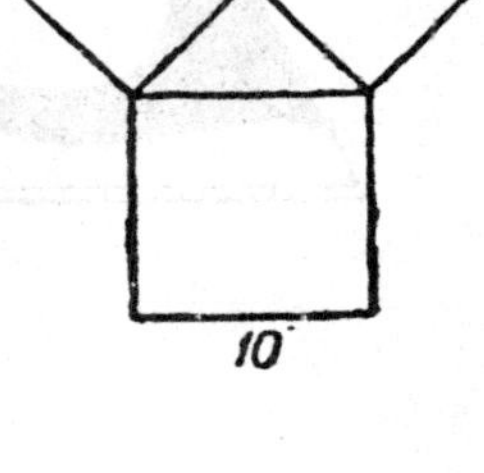
10

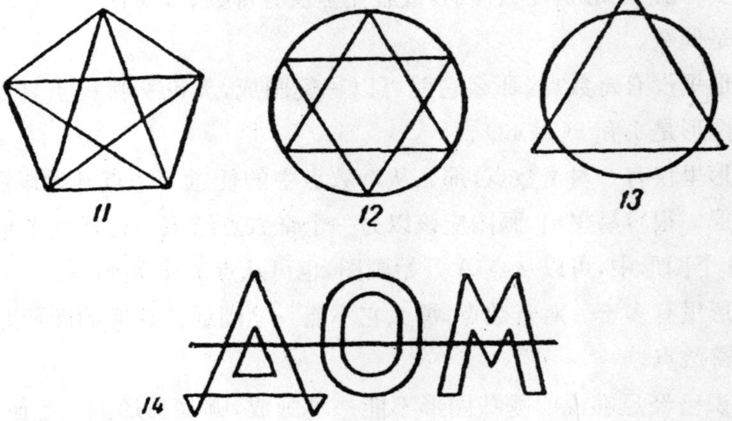

（图 44）

圣彼得堡的桥

在本章结尾我们再出一道类似的算题（如图 45）。是否能走过连接圣彼得堡城区的 17 座桥？当然，要求是不能一座桥过两次。和加里宁格勒的那道题的结论不同，这次我们可以完成。我们的读者完全可以用理论知识独立完成这道题。

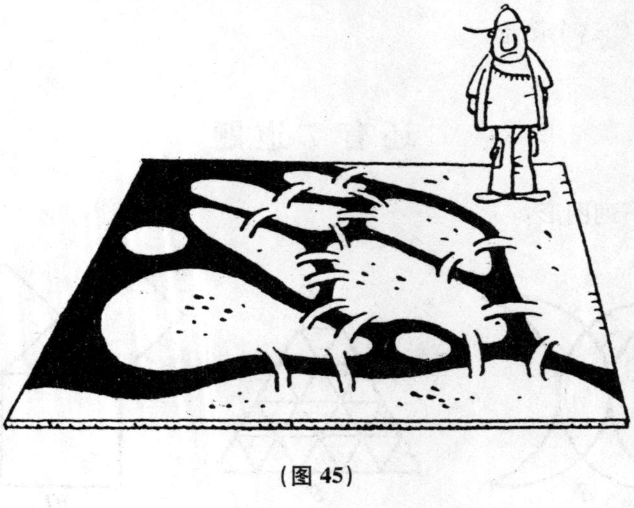

（图 45）

答　　案

《一笔画成》这章问题的答案见图 46 和图 47。

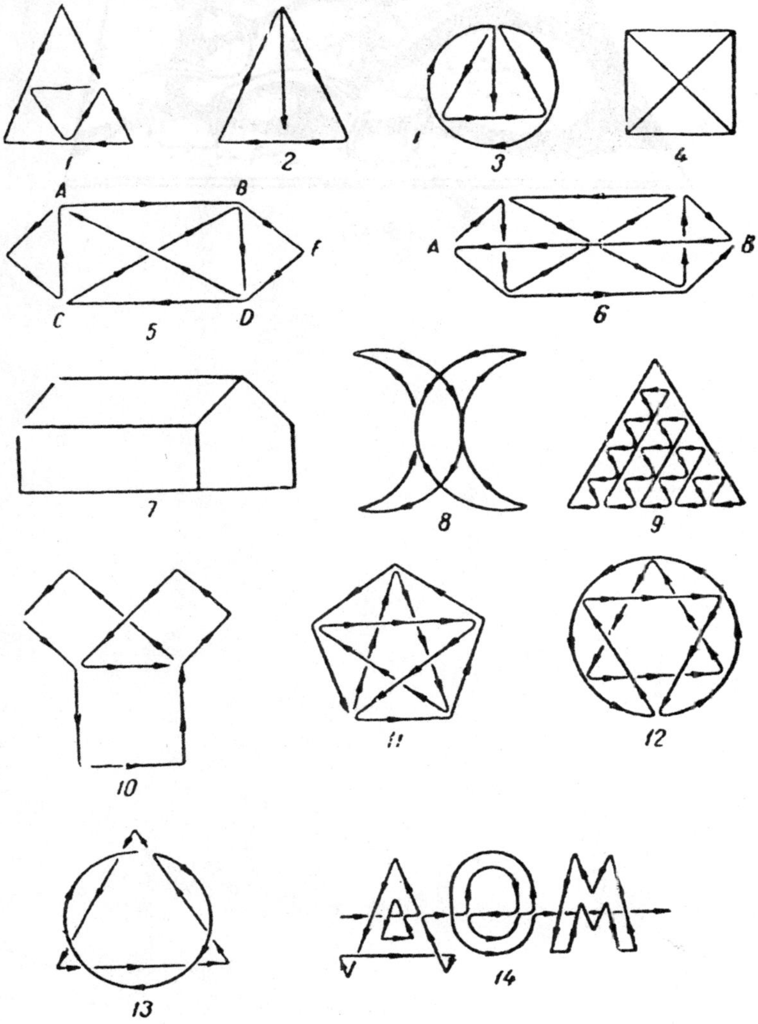

（图 46）

（图 47）

11. 几何谜题

货　车

为什么货车的前轮比后轮磨损更严重，并且摸起来经常比后轮更烫手呢？

有多少个面？

毫无疑问，这个问题对于很多人来说是相当幼稚的。但是，如果平时没有留心，这个问题也并不是那么好回答：6 面体的铅笔究竟有几个面呢？

在翻看答案之前，请你仔细想想啊。

画的是什么？

请你试着说说图 48 画的是什么。这些弯弯曲曲的形状赋予了这些物品奇怪的形态，同时也增加了猜想的难度。努力去想，画家画的究竟是什么。提示：这些东西都是你熟悉的日常用品。

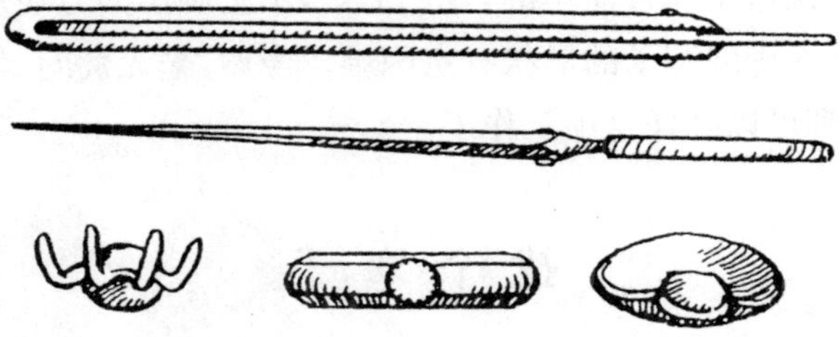

（图 48）

杯子和刀

如图 49,3 个杯子摆放在桌子上,相互之间的距离大于摆在它们之间的刀的长度。然而需要用这 3 把刀建立"桥梁"以连接这 3 个杯子。当然,不能移动杯子的位置,也不能运用除了这 3 个杯子和这 3 把刀之外任何其他的东西。你能做到吗?

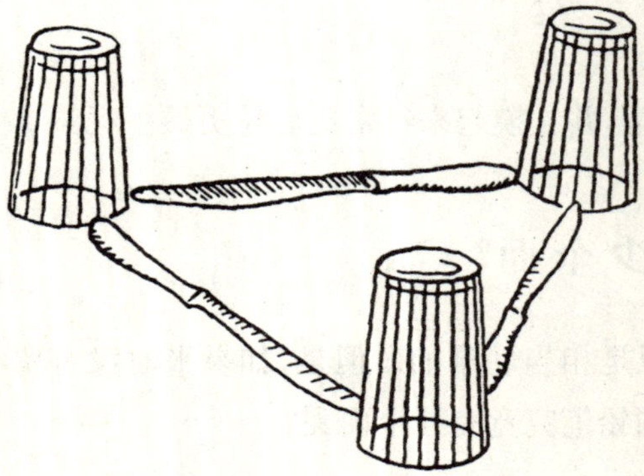

(图 49)

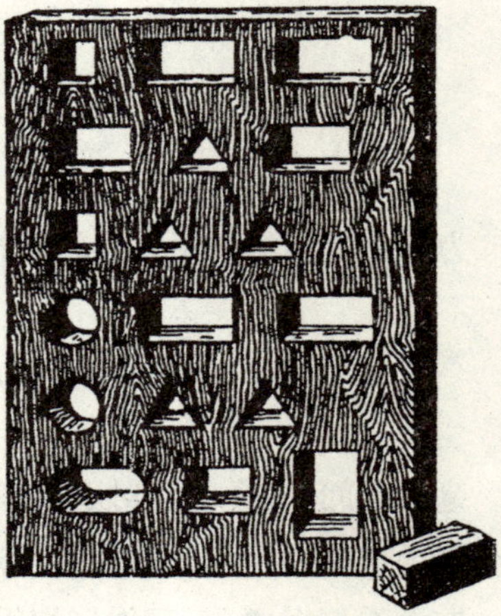

(图 50)

一个塞子堵 3 个眼

如图 50,在木板上打通了 6 排眼,每排有 3 个眼。需要用任意的材料给每排做一个能堵住 3 个眼的塞子。

对于第一排来说这是非常简单的,我们清楚,图上画出的方块适合做塞子。

想出适合剩下 5 排的塞子的形状有点困难。当然,毫无疑问,如果有技术图纸的话,那么每个人就都可以胜任这项工作了。

找个塞子

摆在你面前的是一条带有 3 个小眼的小木板(图 51):方形的、三角形的和圆形的。

有能堵住这 3 个小眼的塞子吗?

(图 51)

第二个塞子

如果你能完成上面的那道题,那么你也能成功地找到一种能堵住图 52 的这 3 个小眼的塞子吗?

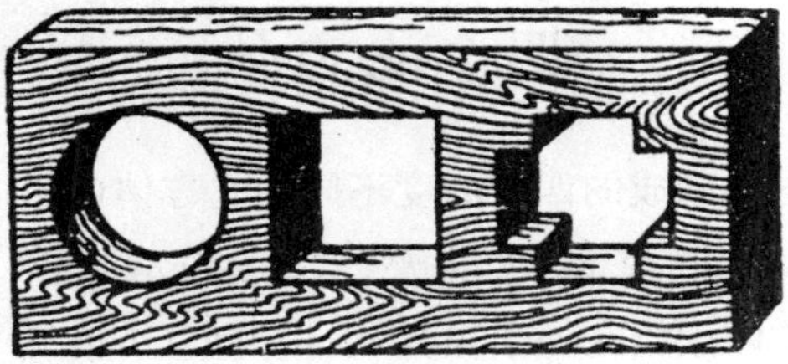

(图 52)

第三个塞子

最后,还有一个类似的问题:有能够堵住图 53 的这 3 个小眼的塞子吗?

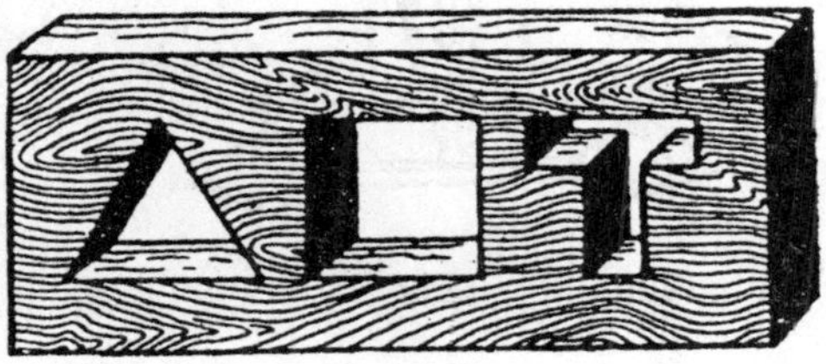

(图 53)

两 个 量 杯

(图 54)

一个量杯的高度是另一个量杯的 2 倍，而另一个量杯的宽度是第一个量杯的 $1\frac{1}{2}$ 倍(图 54)。哪个量杯容积更大？

两 口 锅

有两口外形一样并且壁的厚度也一样的铜锅。第一口锅的容积是第二口锅的 8 倍。

那么第一口锅的重量是第二口锅的几倍呢？

四个立方体

现在有用同一种材料制成的四个高度不同的立方体(图 55)，它们的高度分别为 6 厘米、8 厘米、10 厘米和 12 厘米。如果要把它们摆放在天平上使秤盘平衡，你应该把哪些(或者哪个)立方体摆放在一个秤盘上，把哪些(或者哪个)立方体摆放在另一个秤盘上呢？

(图 55)

半 桶 水

往一个空桶里倒水，看起来好像到了一半的位置。如果你现在想确切地知道，倒进桶里的水是否正好是一半，是多于一半还是少于一半，那么应该怎么办呢？注意，你手里现在没有棍子，也没有任何可以用来丈量的工具。

你怎样能够证实倒进桶里的水正好是半桶水呢？

哪 个 更 重？

有两个一样的立方体盒子(图 56)。在左边的盒子里放着一个大铁球，其直径等于盒子的高度。右边装满小铁球，其排列方式如图所示。

请问哪个盒子更重呢？

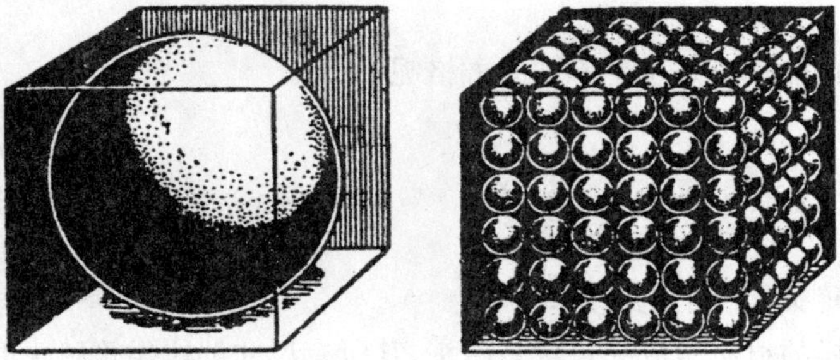

(图 56)

三条腿的桌子

有一种说法，三条腿的桌子绝对不会摇晃，即使桌腿长度不一样。

这种说法正确吗？

多 少 个 矩 形？

如图 57，在这个图形中你能数出多少个矩形？

先别急着回答。请注意，不是问小方格的数量，而是问矩形的数量，大的和小的都算，即在这个图形中数出来的所有矩形都算。

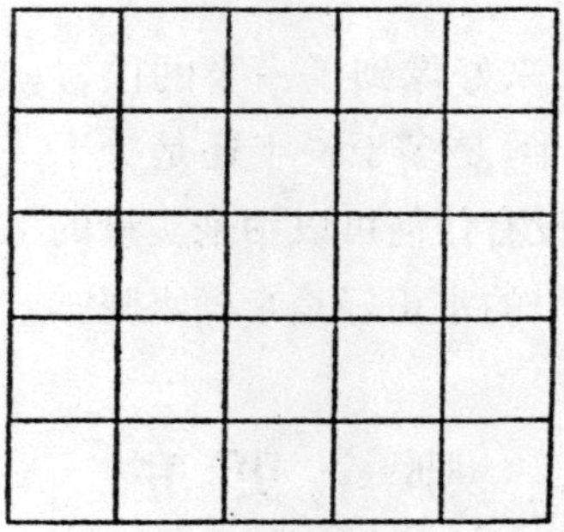

（图 57）

棋　盘

在棋盘上你能数出多少个不同的方格呢？

砖　头

一块建筑砖头重 4 千克。

如果用同样的材质做成一块玩具砖头，其所有尺寸都比建筑砖头的小 4 倍，那么这块玩具砖头有多重呢？

巨人和矮子

身高 2 米的巨人比身高 1 米的矮子重大约多少倍呢？

沿着赤道

如果我们能沿着赤道绕地球走，那么我们的头顶绕弧形走的路程比我们脚底绕弧形走的路程长。

这个路程长多少呢？

用放大镜看

用 4 倍放大镜看 $1\frac{1}{2}$度角。这个角的大小是多少度呢(如图 58)？

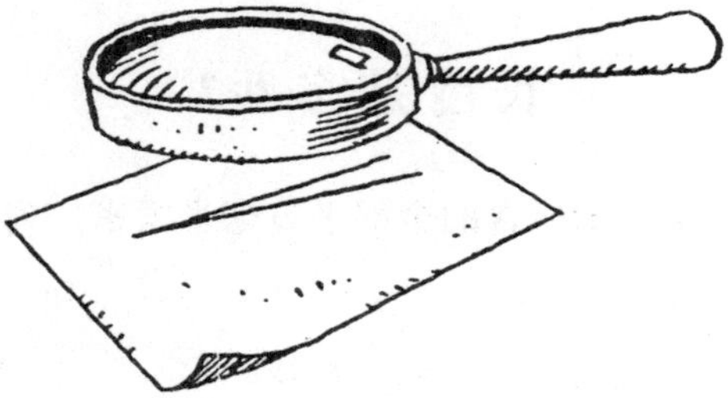

(图 58)

相似的图形

这道题是出给懂得几何相似这个性质的读者的。共有两个问题需要回答：

1. 在图 59 的三角形中，外部和内部这两个三角形是否相似呢？
2. 在图 59 的四角形中，外部和内部的这两个四角形是否相似呢？

(图 59)

塔的高度

在你的城市有一处名胜——一座高塔，但是你并不知道它的高度。在你的明信片上有一张塔的照片。

这张照片怎样能帮助你了解塔的高度吗？

长度是多少？

一个条状物，它由 1 平方米所含的全部平方毫米紧密排列而成，这个条状物能拉多长呢？

高度是多少？

一个柱形体，它由 1 立方米所含的全部 1 立方毫米大小的方块堆积而成，它的高度是多少千米呢？

苍蝇的路线

在柱形玻璃罐的内壁上，距离容器口 3 厘米处沾着一滴蜂蜜。在外壁上，在与之相对的同一直径的一点上落着一只苍蝇（图 60）。

请你给苍蝇指出一条最短的路线，使它能够吃到那滴蜂蜜。

罐子的高度是 20 厘米，直径是 10 厘米。

请不要指望苍蝇能自己找出一条最短的路线。为此苍蝇应具备几何知识，显然，这有悖常理。

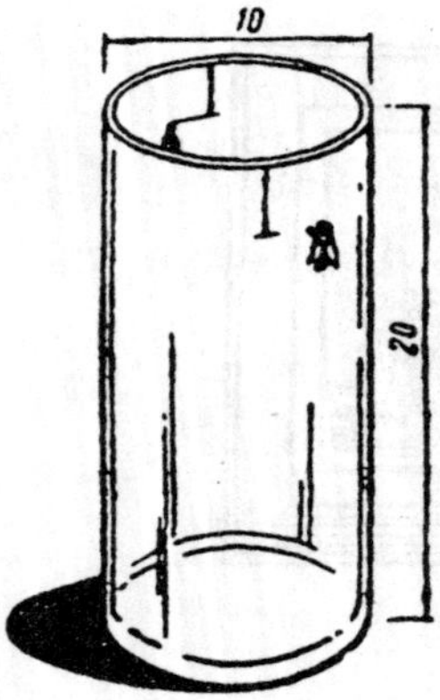

（图 60）

甲虫的路线

在路边有一块表面平整的石头，长 30 厘米，宽和高都是

20 厘米(图 61)。在 A 点上有一只甲虫,它打算走最短的路线到达 B 点。

怎么找到这条最短的路线?计算一下这条路线的长度是多少?

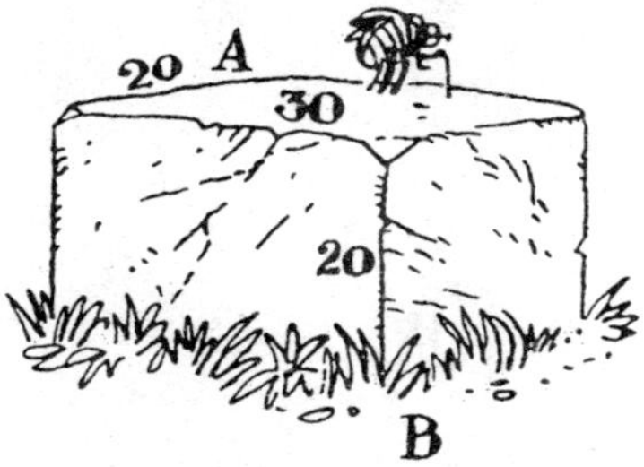

(图 61)

黄蜂旅行

一只黄蜂打算进行远途旅行。它从巢穴里出发径直飞向南方,穿过溪流,一小时之后终于落在散发着三叶草香气的山坡上。在这里,黄蜂从一朵花飞到另一朵花上,玩耍了半个小时。

现在该去花园里参观游览了,昨天黄蜂在那里发现了盛开的醋栗花。花园在山坡的西面,黄蜂急着直奔那里。过了 3/4 小时它飞到了花园里。醋栗花正在怒放,要想尝遍每一朵醋栗花,黄蜂需要 $1\frac{1}{2}$ 小时。

这一切都结束之后,黄蜂要以最短的路线飞回巢穴。

黄蜂总共离开巢穴多长时间呢?

答　案

货　车

此题乍一看和几何学完全没关系。但是只有掌握了这门科学，才能看出此题背后的几何原理。毫无疑问，此题实际上是一道几何题。

那么，为什么货车的前轮比后轮磨损更严重呢？众所周知，前轮比后轮小。在同一段距离上，小轮比大轮转的次数多。小轮的直径短，因此在同一段距离上它比大轮转的次数多。现在我们就明白了，在货车的行进中前轮比后轮转的次数多，当然，比后轮磨损严重，摸起来也就更烫手。

有多少个面?

此题不是随意出给读者的，而是试图纠正一个常见的错误认识。一支 6 面体的铅笔不是像大多数人想的那样有 6 个面。注意，如果不削，即一支全新的铅笔，实际共有 8 个面：6 个侧面，还有 2 个顶端的小面。假设实际上一支铅笔有 6 个面，那么它就是完全另一种形状——有四个角的长方条形截面。

通常人们都认为柱体只有侧面，而忘了它顶端的两个面。很多人说到三棱柱、四棱柱等。与此同时作为柱体，也应该命名这些柱体为：三角的、四角的等，即按照它们的基本形状描述。根本不存在三棱柱，即有三个面的柱体。

所以题中所说的铅笔，正确地说应该不是“6 面体的”，而是“6 角的”。

画的是什么?

这些不寻常的弯弯曲曲的物品分别是：剃刀、剪刀、叉子、怀表、勺子。实际上，我们现在看见的是它们在平面上的投影，是垂直于视线画的。在这种情况下，呈现给你的就不是你所熟悉的这些物品的原来形状了，有些甚至你都认不出来了。

杯 子 和 刀

我们完全可以把刀按照图 62 那样摆放。每把刀用一端支撑在杯子上，而用另一端支在另一把刀上，当然，这把刀自己本身也支在一把刀上，3 把刀相互支撑。

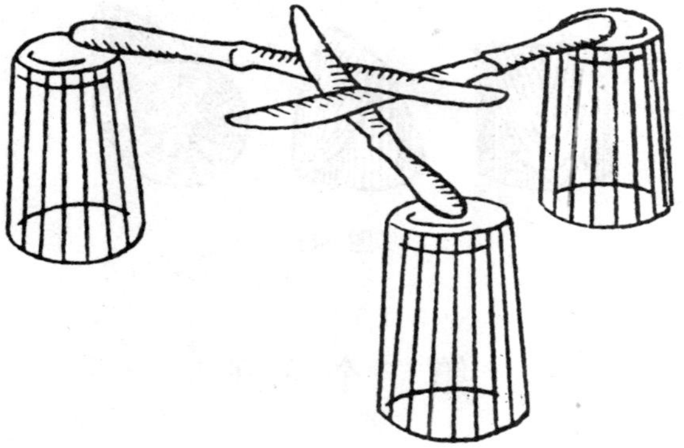

（图 62）

一个塞子堵 3 个眼

适合题目所要求的塞子如图 63 所示。

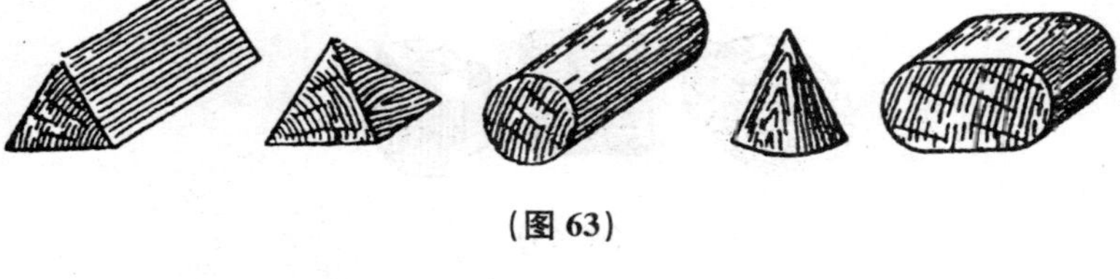

（图 63）

找 个 塞 子

可以找到这样的塞子。它的形状如图 64 所示。很容易看出，一个这样的塞子实际上可以同时堵住方形、三角的和圆形的眼。

（图 64）

第二个塞子

这样的塞子也可以找到。它的形状如图 65 所示。它可以同时堵住圆形、方形和十字形的眼。

（图 65）

第三个塞子

图 66 向我们展示了这种塞子。你可以看见它的 3 个面的形状。

我们现在解的这道题是绘图员经常需要解答的，他们需要根据机器零件的 3 个投影绘出它的形状。

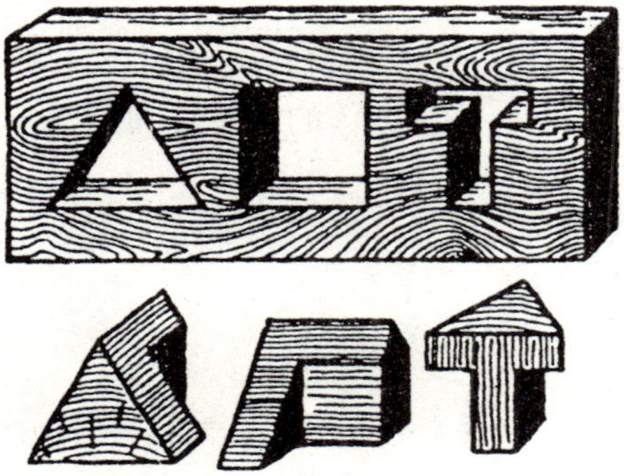

（图 66）

两 个 量 杯

宽度是另一个量杯的 $1\frac{1}{2}$ 倍的这个量杯，在高度相同的情况下，它的容积是另一个量杯的 $\left(1\frac{1}{2}\right)$ 两倍，也就是说 $2\frac{1}{4}$ 倍。因为它的高度只是另一个量杯的一半，那么最终它的容积还是比高的量杯的容积要大，即 $1\frac{1}{8}$ 倍。

两 口 锅

两口锅——几何相似体。如果大锅的容积是小锅的 8 倍，那么它的所有尺寸都是小锅的 2 倍(因为容积的计算公式是长×宽×高)，因此高度和宽度都是小锅的 2 倍。但既然它的高和宽都是小锅的 2 倍，那么它的表面积就是小锅的 2×2 倍，也就是 4 倍。壁的厚度一样的情况下，锅的重量就取决于它的表面积。因此此题的答案是：大锅的重量是小锅的 4 倍。

四个立方体

在一个秤盘上应该放三个小立方体，在另一个上——放一个大立方体。不难发现，天平这时呈平衡状态。三个小立方体的重量总和等于一个大立方体的重量。这出自于下列等式：

$$6^3+8^3+10^3=12^3$$

也就是

$$216+512+1\,000=1\,728$$

半 桶 水

最简单的方法——将桶倾斜，使桶里的水倾斜到桶的边缘（如图 67）。在这种情况下，如果桶底被看见，那么桶里的水少于一半。

（图 67）

相反，如果桶底在水平线以下——那么桶里的水多于一半。如果桶底上方的边缘正好和水平线一致，那么桶里的水正好就是一半。

哪 个 更 重?

右边的立方体是由很多小立方体组成的，每个小立方体里装着小球。很容易看出，大球可以占满由小立方体中的小球组成的整个立方体。

所有小球和小立方体的数量不难确定：$6\times6\times6=216$。216 个小球占满 216 个小立方体，像一个小球占一个小立方体一样，也就是说像一个大球占满一个大立方体一样。由此我们知道，两个盒子里装着同样数量的金属物质，当然，它们的重量也是一样的。

三条腿的桌子

三条腿的桌子总是能用三条腿的末端接触地板，因为通过 3 个点可以确定唯一的平面。也正是由于这个原因，三条腿的桌子不会摇晃。你可以看出，它是单纯的几何原理，不是物理原理。

这也是为什么用三脚土地测量仪和相机三脚架比较方便。四条腿不会使支架更稳定，相反每次你都要担心它会摇晃。

多少个矩形?

在图中可以数出 225 个不同的矩形。

棋　　盘

在棋盘上并不只画着 64 个方格，比这要多得多。要知道，除了黑白小方格，在棋盘上还有各种各样的方格，分别由 4、9、16、25、36、49 和 64 个单独的小方格组成。我们现在把它们全部数出来：

单独的小方格	64
由 4 个小方格组成的	49
由 9 个小方格组成的	36
由 16 个小方格组成的	25
由 25 个小方格组成的	16
由 36 个小方格组成的	9
由 49 个小方格组成的	4
由 64 个小方格组成的	1
总计	204

所以，棋盘上共有 204 个不同大小的方格。

砖　头

如果你的回答是玩具砖头重 1 千克，也就是说小 4 倍，这是不正确的。要知道玩具砖头不仅比真正的砖头短 4 倍，而且还比它窄 4 倍和矮 4 倍，所以它的体积和重量比真正的砖头小 64(4×4×4)倍。

正确答案即：玩具砖头重 4 000÷64=62.5 克。

巨人和矮子

因为人体的体型很相似，那么在身高差 2 倍的时候，人的体积并不仅仅差 2 倍，而是差 8 倍。也就是说，巨人比矮子重 8 倍。

据记载，最高的巨人是一个叫艾力泽萨的人，身高 275 厘米，比中等身高的人高出整整 1 米。最小的矮人的身高只有 40 厘米，也就是比艾力泽萨矮 7 倍。因此，如果把艾力泽萨放在天平的一个秤盘上，那么应该把 343(7×7×7)个矮人——一大群矮人放在另一个秤盘上，才能使天平保持平衡。

沿着赤道

按照人的身高为 175 厘米，地球半径用 R 表示去计算：

$$2\times3.14\times(R+175)-2\times3.14\times R=2\times3.14\times175=1\,100(\text{厘米})$$

结果大约是 11 米。令人震惊的是，这道题的结果完全不取决于地球半径的大小，在巨大的太阳上和在小行星上答案也完全一样。

用放大镜看

如果你认为，在放大镜里角的大小是 $1\frac{1}{2}\times4=6^\circ$，那你就错了。在放大镜里角的大小完全没有被放大。的确，毫无疑问，所测角的弧度被扩大了，但是这个弧度的直径也扩大了相应的倍数，所以中心角的大小并没有改变。图 68 直观地解释了上述内容。

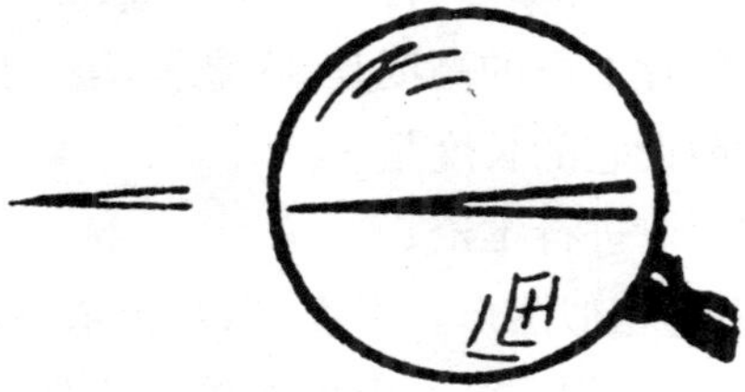

（图 68）

相似的图形

通常大家给予这两道题的答案都是肯定的。实际上只有这两个三角形是相似的。而在另一个图形中，外部和内部的四角形并不相似。三角形的相似，要求角都相等，内部的三角形的边与外部的三角形的边都平行，那么这些三角形就是相似的。但是对于其他多角形，要想相似，不仅要求角都相等或者边都平行，还要求多角形的边都对应成比例。在四角形的那幅图中，外部和内部的这两个四角形只有方形或菱形的情况下才是相似的。其余情况下，外部四角形的边与内部四角形的边都不成比例，所以，这两个图形不是相似的。图 69 很明显地显示出了左右的图形不是相似的。在左边的图形中外部的边长比例为：2∶1，而内部为 4∶1。在右边的图形中，外部为 4∶3，而内部为 2∶1。

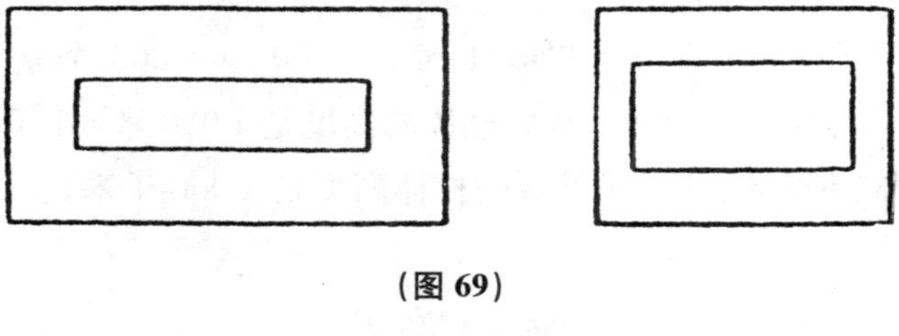

（图 69）

塔的高度

为了根据照片来确定塔的实际高度，首先需要尽量准确地测量出照片上的塔的高度和塔基的长度。比如，照片上塔的高度是 95 毫米，塔基的长度是 19 毫米。然后你测量实际的塔基的长度，假设它的长度是 14 米。

做完了这些，我们现在可以进行推论。

照片上的塔和实际的塔是相似图形。那么，照片上塔基的长度和塔的高度就和实际的塔基长度和塔的高度成比例。第一个比例关系式是 95∶19，也就是 5。由此得出结论，塔的高度是塔基的长度的 5 倍，实际的塔的高度是 14×5=70 米。

所以，城市的塔的高度是 70 米。

但是，应该注意，不是所有的照片都适合用来确定塔的高度，只有那些比例没有被破坏的照片才可以。

长度是多少?

在 1 平方米里有 1 000 个 1 000 平方毫米。每个 1 000 平方毫米紧密相连组成 1 米。1 000 个 1 000 平方毫米就组成了 1 000 米，也就是说 1 千米，因此被拉伸的条状物长度是 1 千米。

高度是多少?

答案出乎意料：柱体的高度是 1 000 千米!

我们来口算一下：在 1 立方米里有 1 000×1 000×1 000 个立方毫米。每个 1 000 立方毫米一个紧挨着一个地堆成的柱体的高度是 1 000 米=1 千米。现在我们有 1 000 倍个这种立方毫米，所以被堆成的柱体高度是 1 000 千米。

苍蝇的路线

为了解这道题，我们应该把圆柱的侧面展平，得到了矩形(如图 70a)，它的高度是 20 厘米，宽度等于圆周长，也就是 $10\times3\frac{1}{7}=31\frac{1}{2}$ 厘米。在这个矩形里我们标出苍蝇和蜂蜜的位置。苍蝇在 A 点上，与底边的距离是 17 厘米。蜂蜜在 B 点上，高度和 A 点相同，与 A 点的距离是周长一半，也就是 $15\frac{3}{4}$ 厘米。

现在为了找到一个点，苍蝇应该通过这一点爬到圆柱的边缘。我们按照下边的方式。

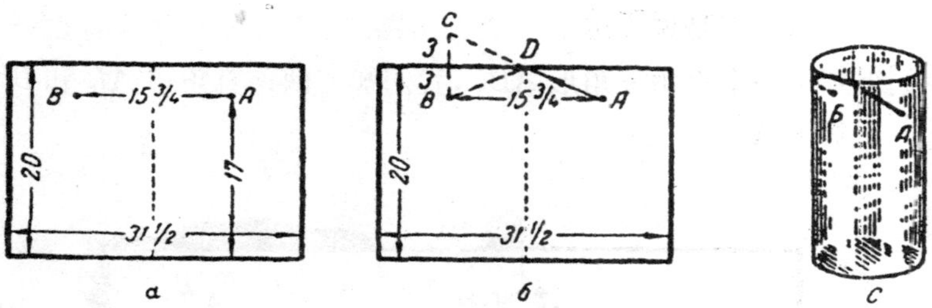

（图 70）

从 B 点(图 70b)垂直于 AB 的方向走到矩形的上边，再走一段同样的距离，我们得到了 C 点。我们用直线连接 CA。D 点就是在圆柱另一面苍蝇应该爬到的那一点，而路线 ADB 就是所求的最短路线。

在被展开的矩形上我们找到了最短的路线，现在把它重新变成圆柱，我们就会发现，苍蝇应该怎么飞才能尽快到达那滴蜂蜜(图 70c)。

甲虫的路线

如果我们在心里把石头的上面翻过来与石头的前面放在一个平面内，那么很容易确定最短的路线(图 71)。那时就很明显看到，最短的路线是连接 AB 的直线。这条路线的长度是多少呢？

我们有直角三角形 ABC，$AC=40$ 厘米，$CB=30$ 厘米。根据勾股定理，第三边 AB 应该等于 50 厘米，因为 $30^2+40^2=50^2$。

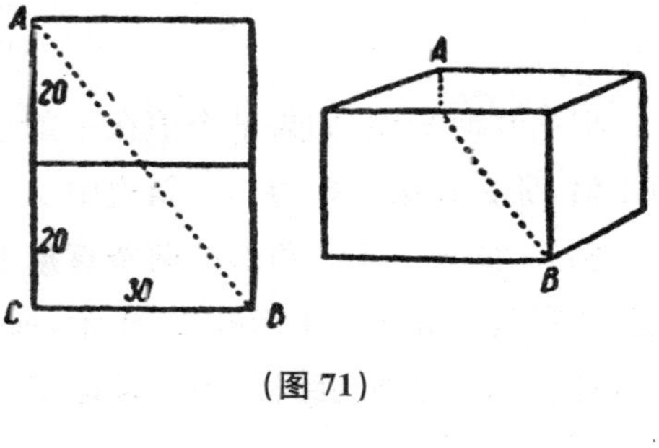

（图 71）

所以最短的路线 $AB=50$ 厘米。

黄蜂旅行

如果知道黄蜂从花园飞回巢穴需要多少时间的话，那么此题解起来将会非常简单。虽然题里没有告诉这个，但是几何知识能帮我们知道这个。

画出黄蜂的飞行路线。我们知道，黄蜂开始时直接向南飞，用了 60 分钟。然后它向西飞了 45 分钟，也就是说飞出了一个直角路线。“最短的路线”，也就是直线飞回巢穴。我们得到了一个直角三角形 ABC，我们知道两条直角边 AB 和 BC，应该确定第三条边——斜边 AC。

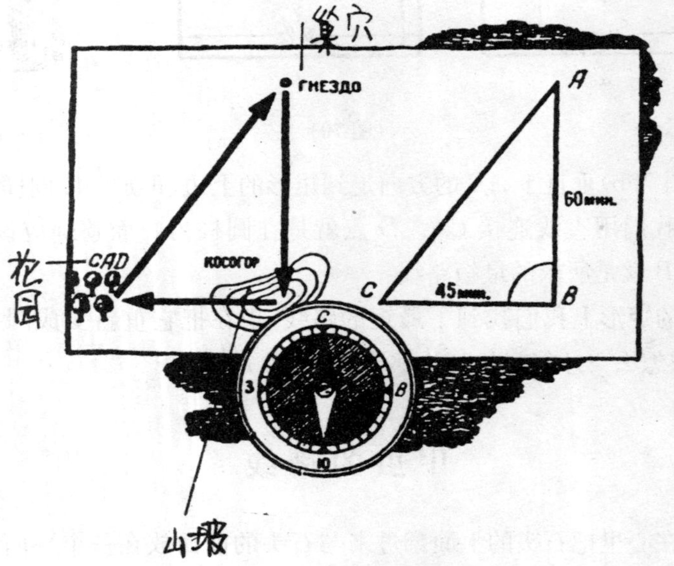

(图 72)

根据几何知识，如果某个值在一条直角边里有它的 3 倍，在另一条直角边里有它的 4 倍，那么在第三条边——斜边中——就正好有它的 5 倍(勾股定理)。

例如，如果一个三角形的两条直角边等于 3 米和 4 米，那么斜边就等于 5 米。如果两条直角边等于 9 千米和 12 千米，那么斜边就等于 15 千米。在这道题中，一条直角边是 3×15 分钟的路程，另一条是 4×15 分钟的路程。也就是说，斜边 $AC=5\times15$

分钟的路程。所以，我们知道了，从花园飞回巢穴黄蜂用了 75 分钟，也就是 $1\frac{1}{4}$ 小时。

现在我们很容易计算，黄蜂总共离开巢穴多长时间。它飞的时间是：

$$1\text{小时}+\frac{3}{4}\text{小时}+1\frac{1}{4}\text{小时}=3\text{小时}$$

它停留不飞的时间是：

$$\frac{1}{2}\text{小时}+1\frac{1}{2}\text{小时}=2\text{小时}$$

总计：3 小时＋2 小时＝5 小时。

12. 巧算距离

用步长测量路程

量尺或者其他测量工具不是随时都带在手头上，那么学会不用量尺的度量方法就很有益处，至少能够进行近似值测量。

例如在旅游时，最简单的方法就是用步长测量距离。要用这个方法测量，我们首先应当知道自己的步长大约是多少，并且要学会数步。当然，步长不总是一致，我们可以走小步，也可以随我们的意愿迈大步。但是在平时走路时我们的步长基本是一致的，如果我们知道自己的平均步长，那么就能够较为正确地用步长测量距离了。

为了得到我们自己的平均步长，需要测量很多步，并且从中计算出一步的长度。当然，在这种情况下不用量尺是不行的。

在平整的地方拉开量尺，测量出 20 米的距离。在地上画出这条线，然后把量尺拿走。现在沿着画的线用平时走路时的那种步长走完这一段距离，并数出走了多少步。可能的情况是，这段距离你走出的步数并不是整数。那么，如果剩余的部分比步长的一半短，那么就可以把这部分忽略不计。如果比步长的一半长，那么剩余的部分也算作一步。用 20 米除以步数，得到的就是平均步长。读者应该记住这个数字，以便在必要的时候用它来测量距离。

为了在计算的时候不被搞糊涂了，特别是在测量长距离时，我们可以用下面的方式。数步只数到 10，然后弯曲左手的一根手指记录这一段距离。当左手的手指全部弯曲了，就意味着已经走了 50 步，然后弯曲右手的一根手指以记录这一段距离。这样可以计算到 250 步，在此之后可以重新计算，当然我们要记清右手的手指全部弯曲了多少次。例如，如果走完了某段距离，你右手的手指全部弯曲了两次，并且在末尾的一段右手的手指弯曲了 3 根，左手的手指弯曲了 4 根，那么你走了：

$$2\times250+3\times50+4\times10=690(\text{步})$$

这里还需要加上最后一次左手的手指弯曲了之后的那几步。

我们偶然发现了下面这条古老的规律：成年人的平均步长大约等于从地面到眼睛距离的一半。

另一个古老的规律是关于行走速度的：人 1 小时行走的千米数，就是他 3 秒走的步数。很容易理解，这个规律只有在确定的步长和迈大步的情况下才是正确的。实际上，设步长是 x 米，而 3 秒的步数是 n。那么 3 秒走的距离是 nx 米，而 1 小时(3 600 秒)——1 200nx 米，或者 1.2nx 千米。为了使这段距离等于在 3 秒走的步数，那么应该存在下面的等式：

$$1.2nx=\text{n} \qquad \text{或者 } 1.2x=1$$

由此，$x=0.83$ 米。

如果上述关于步长取决于人的身高的规律是正确的，那么我们刚才研究的第二个规律，对于中等身高的人——175 厘米左右的人——是适用的。

“活比例尺”

要测量中等长度的物品，手头却没有量尺或者其他测量工具，你可以选择这种测量方式。拉紧一条绳子，或者测出一根从伸直了手的指尖到另一侧肩部的棍子的长度(图 73)，这个长度就是一个成年男子具有的近似 1 米的长度。

(图 73)

另一个获得近似 1 米长度的方法是，沿着直线量出 6 个大拇指和食指之间展开的距离(图 74a)。

最后一个测量方法是“徒手”测量方法。我们只需要预先测量出自己手的各种数值并且记住它们。

我们该测量出手的哪些数值呢？首先要测出你的手掌宽度，如图 74b 所示。成年人的手掌宽度约为 10 厘米。也许，你的手掌宽度比这个数值小，那么你应该知道，究竟小多少。然后需要测量出你的中指和食指上端之间展开的距离(图 74c)。然后，最好知道你食指的长度，测量的时候从你的大拇指的最下端算起，如图 74d 所示。最后，测量出你的大拇指和小指之间的距离，测量的时候尽量大幅度展开你的大拇指和小指，如图 74e 所示。

运用这些“活比例尺”，你就可以进行小物件的近似值测量了。

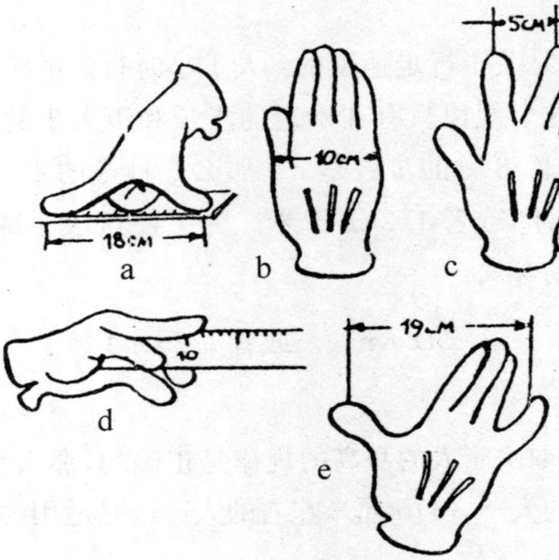

(图 74)

13. 简易魔术与游戏

消失的小棍

画出图 75 的图形。用剪刀将圆形剪下，然后逆时针转动圆，使得每根小棍被剪下来的部分紧挨着自己旁边小棍的剩余部分。这时发生了奇妙变化：原来在图上的 13 根小棍子现在变成 12 根了。一根小棍神秘地消失了。它去哪儿了呢？

在往回转动圆的时候，那根消失的小棍又重新出现了。它从哪儿回来的呢？

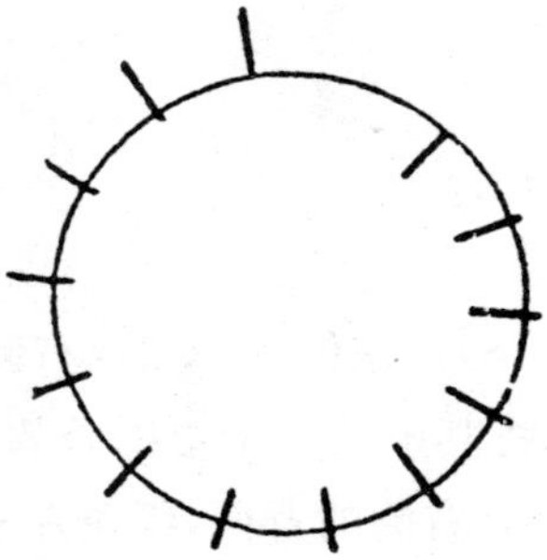

（图 75）

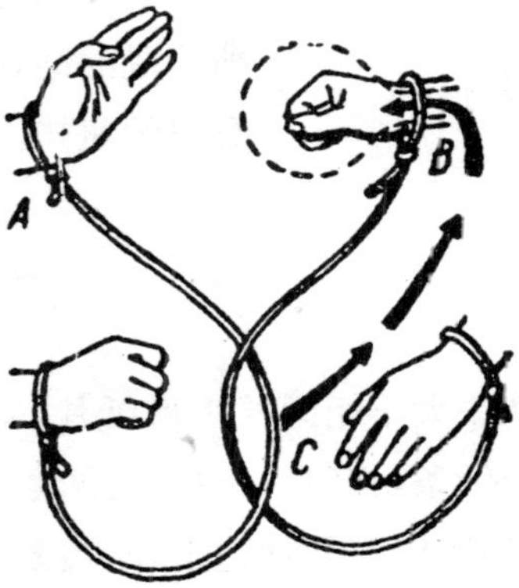

（图 76）

逃 脱 术

把你的两个朋友 A 和 B 像图 76 画的那样绑在一起：用绳子把他们的手腕绑上并且打上结，使他们无法分开。然而，无法分开只是表面现象。“囚犯”是有办法的，而且他们还是在不割断绳子的情况下。这个办法是什么呢?

办法是这样的。在绑住A朋友手的那条绳子上,抓住绳子的B点,使绳子按照箭头所指方向穿过捆着B朋友手的小圆环。当绳子拉出足够长的时候,把B的手塞进绳结,并且拉伸A的绳子——他们俩就被分离开了。

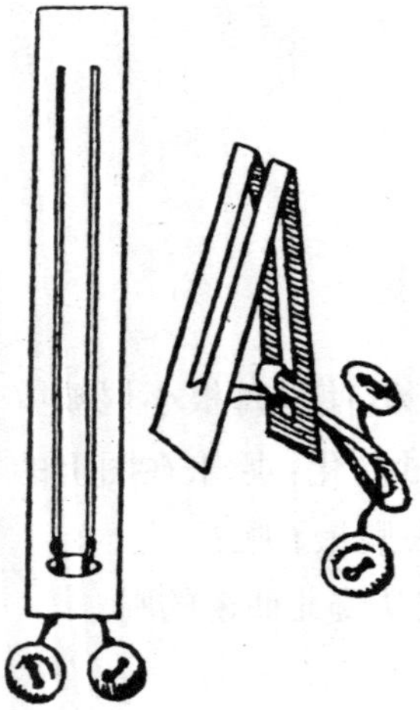

(图77)

两 个 纽 扣

在一页平整的纸上并排做出两个小槽,如图77所示,在它们下面做一个直径稍微大于两个小槽间距的圆孔。把一根绳子穿过这个小孔和两个小槽,并在绳子的两个末端分别连接一个纽扣,使它们的直径大于小孔。

你能使这两个纽扣分离吗?当然是在不解开绳子的情况下。

解法如下:把纸对折,使得在两个小槽之间窄条的上下两个末端相对。然后把这个纸条穿过小圆孔,使纽扣穿过所形成的结,问题就解决了。把纸展平,你就可以得到两个分离的纽扣。

“神奇的钱夹”

准备两张大小相同的矩形纸片A和B(如图78)。左侧为A面,右侧为B面。再准备3个纸条,其中一条长的,两条短的。首先将其中的一个短纸条放在B面上方,纸条右边固定在B面边上,左边固定在A面上方右侧的背面,纸条左右平行,另一个短纸条用同样的方法贴在B面下方。然后将长纸条在两片纸的中间摆放,纸条的左半段放在A面的正面,纸条的左边固定在A面左边上,纸条的右半段从B面的后面穿过去,在B面的右边折过来一点用胶固定。最后将两张纸片合起来,这样“神奇的钱夹”就做好了。在表演的时候准备一张纸片,在纸片的一面做好标记,将其插在“钱夹”内的两个短纸条之间,合上“钱夹”。打开

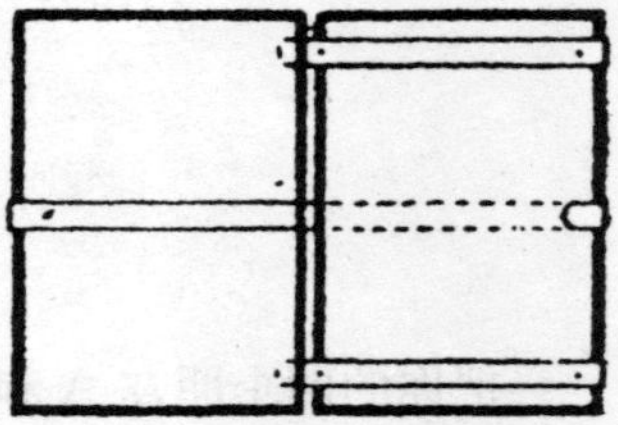

(图78)

"钱夹"时，露出纸片带标记的那一面，从另一侧打开"钱夹"，同样露出纸片带标记的那一面，这是多么奇妙的事情啊！

一根火柴的力量

把12根火柴摆成图79所示的图形，然后尽量用1根火柴挑起这一堆火柴。如果你足够聪明，就可以成功做到。可以看到，在技巧熟练和机敏的情况下，1根火柴可以挑起11根火柴。

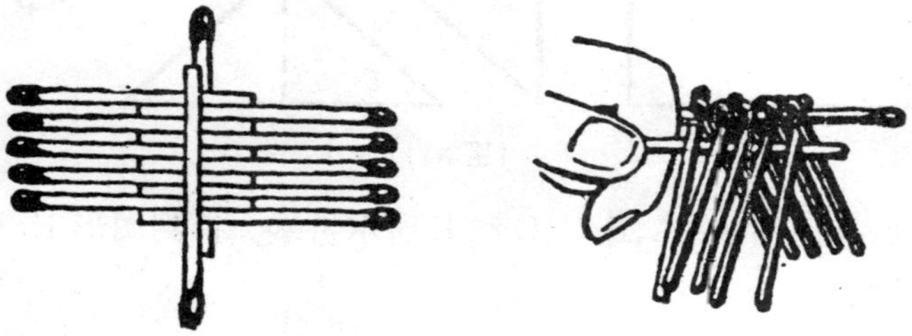

（图79）

这个游戏一般不会一次成功，因此你要有耐心，多做几次。

挑起一根火柴

用两根火柴挑起第三根火柴的末端（如图80），这很容易做到吗？

此题看上去好像很简单，但是试着做一下，你会发现，这需要技巧和耐心。你的手稍微抖动一点，火柴都有可能掉下去。

（图80）

星形图案

也许不是所有人都知道,只需用剪刀,不用任何画图工具,就可以在纸上剪出美丽多样的图案。

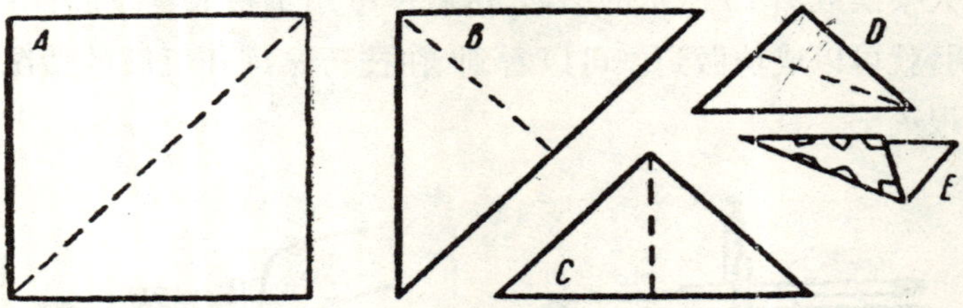

(图 81)

拿一张白纸,按照图 81,A、B、C、D 和 E 所示折纸。折到图形 E,沿着这些折线,剪开这张折叠的纸。

轻轻打开并且展平这张折叠的纸,你就会得到漂亮的图案。如果你把它粘在黑色的纸上,它会显得更美丽。

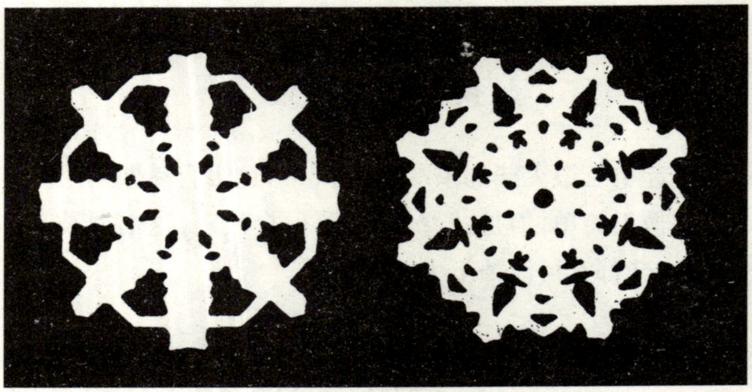

(图 82)

五 角 星

你会用纸剪出一个标准的五角星吗?这不是一件简单的事,手不巧的话就会剪出一个不整齐的五角星。

有两种方法能剪出一个美丽的五角星。

第一种方法是用圆规，或者简单地用茶碟，在纸上画一个圆。把它剪下来，对折，然后把得到的半圆连续对折 4 次，如图 83A 所示。

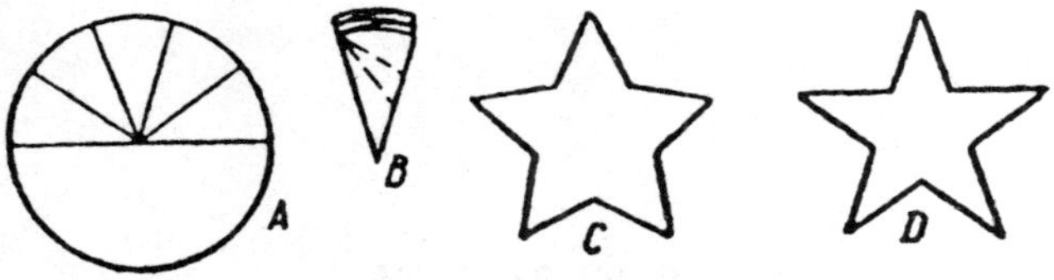

（图 83）

接下来是最难的一部分：将半圆折成相等的 5 份。这需要目测。

当圆被折好，用剪刀沿着其中一条虚线把它剪下来，如图 83B 所示。展开纸，就得到了一个标准的五角星。当然，其中或多或少有需要修剪的地方（图 83C 和图 83D）。

第二个方法也许简单点，因为这个方法不是用圆来做，而是用正方形来做（图 84，A）。首先把一张正方形的纸对折。然后再对折 3 次，如图 84B、图 84C 和图 84D。在图84D上画着的虚线就是要剪开的线。

图 84E 所示的就是得到的五角星。

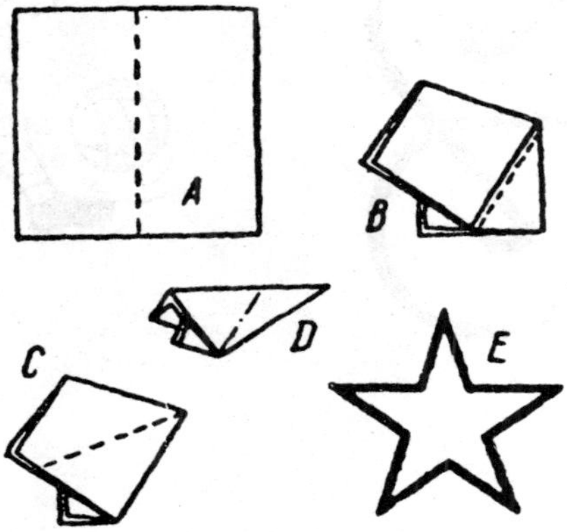

（图 84）

14. 趣味图画

看似很简单

仔细看这个图案(如图 85),并努力记住它,目的是为了以后凭记忆能画出这个图案。记住了吗? 好的,开始画吧。首先画出 4 个末端的点,把曲线的末端和这 4 个点相连接。你也许很容易就画出第一条线了。非常好! 现在开始画第二条线吧。

但是不知为什么,这些线显得特别的执拗,怎么也画不出来。貌似很简单的事情怎么会这么难?!

(图 85)

(图 86)

用 哪 只 脚?

足球运动员用哪只脚站立——右脚还是左脚(如图 86)?

好像他是用右脚站立，但又好像是用左脚站立。无论你多么仔细地观察这幅图，你也不能正确地回答出这个问题。画家故意迷惑你，让你无法正确判断，运动员抬起了哪只脚，又用哪只脚站立着。

你会问："到底是用哪只脚站立呢？"我自己也不知道。就连画家也不知道，因为他忘了。这就成了一个不解之谜了。

很多鱼吗？

在这里你看到一幅奇妙的图画。渔夫好像什么都没有捕获到。但是，你仔细看看图，就会确信，渔夫的收获非常大：渔夫至少捕获了 3 条大鱼。它们在哪呢？

（图 87）

驯兽员在哪里？

这只老虎的驯兽员在哪呢（如图 88）？

他的肖像就画在这幅图里，你找找看。

（图 88）

日　落

看这幅图（如图 89），请你说说，这幅图画得正确吗？

在这幅图里有一处不合理的地方，你需要把它找出来。

（图 89）

月　落

在图 90 上你会看到热带景观,在地平线上奇怪地画着一个月牙。这幅图画得正确吗？是否有什么不合理的地方呢?

(图 90)

答　案

很多鱼吗？

我来帮读者找到渔夫捕获的鱼吧。一条鱼头朝下在渔夫的后背上。另一条鱼在渔夫的头和拿着钓竿梢的手之间。第三条鱼在渔夫的脚下面。

驯兽员在哪里？

老虎的一只眼睛同时是驯兽员的一只眼睛，但是驯兽员的脸在对面。

日　落

图的不合理地方是，月牙不应该把自己的凸面向着太阳，而应该反过来。要知道月亮是被太阳照亮的，也就是说，月亮无论如何也不可能把自己没被照亮的一面向着太阳。

月　落

无论多么奇怪，但是在图 90 上的新月是完全正确的。因为这是热带景观，热带新月的位置与我们的纬度地带新月的位置不同。在我们这里新月的月牙向右，而落月的月牙向左。在热带的国家里月牙水平地挂在天空上。

为什么会是这样呢？在我们这些国家里，太阳和月亮在一昼夜中沿着斜的圆在运动。因此傍晚照亮月亮的太阳斜向地处在地平线下，它从左边或者从右边照亮月亮，月牙面向我们也是或是从左，或是从右。在赤道地区太阳和月亮沿着垂直的弧形运行。照亮月亮的太阳处在地平线下，不是在地平线的右边也不是在地平线的左边，而是在地平线的下边。月亮自下而上被照亮，这就是为什么月牙出现如图所示的形状。

译 者 感 言

《趣味数学实验与练习》一书的翻译工作已经顺利结束。望着眼前厚厚的书稿，回想之前紧张忙碌的日日夜夜，我们的心中充满了创作带给我们的成就感和满足感。

翻译此书，我们的最大收获是感到科学离我们如此之近，它就在我们的身边，就在我们的生活里。

原著作者选取最普通的生活现象，运用科学知识，深入浅出地为我们解析这些现象，写作手法轻松自如，诙谐幽默，让我们透过寻常现象知晓不寻常的道理，因此，原著在该国广受读者欢迎，数次再版，经久不衰。

我们在对本书进行翻译的过程中，力求忠实原文，同时承袭原著的叙事风格和写作手法，我们相信，本书的中文译本也一定会受到广大中国读者的喜爱。

在本书的翻译和出版过程中，我们得到很多人的帮助，也克服了大量的困难，在此我向所有帮助过我们的人表示衷心的感谢。首先感谢上海科学技术文献出版社北方编辑部的全体工作人员；其次感谢我的同事、朋友和学生，他们在资料收集、资料传递、译文校对等方面作出了巨大贡献，他们是：谢云才、王晓丹、曲健、赵婷婷、李慧、崔铮、庞博、史磊、谢安忆等。

再一次对他们的倾情付出和鼎力相助表示感谢。

张　杰

2012 年 3 月 30 日